探索飞行

Explore Flight

25 个探究飞行的趣味活动

[美] 阿妮塔·亚苏达 著　【美】布赖恩·斯通 图

迟庆立 译

上海科技教育出版社

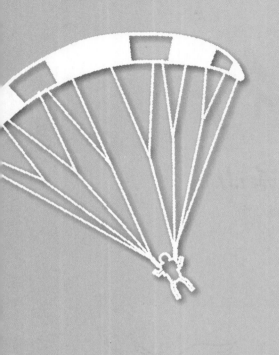

目 录

公元前 11 世纪

✳ 中国发明了风筝。

13 世纪

✳ 中国造出了第一支火箭。

✳ 很多人尝试用翅膀，或者从高处跳下来飞。

14 世纪

✳ 中国造出了载人风筝。

15 世纪

✳ 达·芬奇设计了一系列飞行器，包括根据鸟的飞行原理设计的折翼飞机。

18 世纪

✳ 法国的孟格菲兄弟（约瑟夫和雅克）制造升空了第一只热气球。

✳ 罗泽尔和达兰德斯成为第一批乘坐热气球飞行的人。

✳ 加纳兰首次利用降落伞跳伞。

19 世纪

✳ 凯利爵士成功制造了第一架滑翔机。

✳ 法国人吉法尔成功试飞第一只使用蒸汽动力的热气球。

✳ 德国的李林塔尔成功制造第一架实用的滑翔机。

20 世纪头十年

✳ 德国的冯·齐柏林伯爵成功试飞了他的第一艘齐柏林飞艇。

✳ 美国的莱特兄弟（奥维尔和威尔伯）首次成功实现了比空气重的航空器的动力飞行。

✳ 法国的布莱里奥成功跨越英吉利海峡，从法国飞到了英国。

20 世纪第二个十年

✳ 法国的拉洛施成为首位获得飞行执照的女飞行员。

✳ 第一次世界大战期间，飞机首次投入实战。

✳ 美国邮政局开辟了第一条运送航空邮件的航线。

✳ 美国的西奥多·罗斯福总统成为第一位乘坐飞机的美国总统，不过那时他已经退休了。

20 世纪 20 年代

✳ 美国的贝茜·科尔曼成为首位获得飞行执照的非裔美籍女飞行员。

✳ 美国的戈达德成功开发了第一枚由液体燃料推进的火箭。

✳ 美国人林德伯格完成了单人不着陆横越大西洋的飞行。

20 世纪 30 年代

✳ 美国人埃尔哈特成为首位单人飞越大西洋的女性。

✳ 俄国人西科斯基成功研制出第一架现代直升机。

✳ 兴登堡空难发生，终结了乘坐飞艇旅行的黄金时代。

✳ 英国人惠特尔发明了喷气式发动机。

20 世纪 40 年代

✳ 塔斯克基飞行员（美国第一批黑人飞行员）在二战中发挥了重要作用。

✳ 美国空军妇女飞行队建成。

✳ 美国空军少将叶格首次成功实现超音速飞行。

✳ 美国的富兰克林·罗斯福成为第一位在任时就乘坐飞机的总统。

20 世纪 50 年代

✳ 苏联发射第一颗人造卫星"斯普特尼克 1 号"。

✳ 载客量达数百人的喷气式客机开始投入使用。

20 世纪 60 年代

✳ 苏联宇航员加加林成为进入太空的第一人。

✳ 苏联的捷列什科娃成为进入太空的第一位女性。

✳ 美国"阿波罗 11 号"宇航员成功登上月球。

✳ 约翰·肯尼迪成为第一位拥有喷气式专机的美国总统。

20 世纪 70 年代

✳ 最大的波音 747 客机投入飞越大西洋的航空客运服务。

✳ 美国的第一个空间站"天空实验室"发射升空，证明人类可以在太空中生活相当长一段时间。

✳ 第一种超音速客机——协和飞机投入使用。

20 世纪 80 年代

✳ 人类第一架航天飞机"哥伦比亚号"发射升空。

✳ 萨莉·赖德成为首位进入太空的美国女性。

✳ 耶格尔和鲁坦驾驶飞机"旅行者号"，完成了人类首次中途不加油的环球飞行。

20 世纪 90 年代

✳ 福塞特成功完成了人类首次乘坐气球的单人环球飞行。

✳ 11 岁的范·米特成为单人驾机飞越美洲的年龄最小的女孩子。

21 世纪头十年

✳ "太空船一号"成为第一艘私人太空船。

✳ 国际空间站建成，这是绕地球轨道运行的规模最大的实验室。

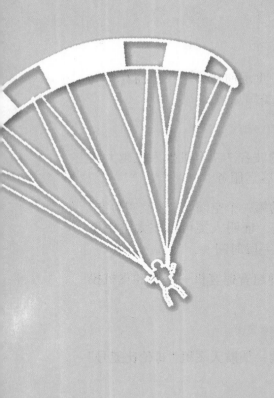

大家一起来探索飞行

你有没有梦想过像鸟儿一样在天空高飞？有没有想象过，像超人一样"嗖"地飞过高楼会是什么感觉？其实，几千年来，人们和你一样，都希望能飞过陆地，飞越海洋。

为了飞翔，有人试过扇动双臂，也有人试过利用羽毛做的翅膀、布做的降落伞。梦想家用画笔勾勒出令人赞叹的飞行器设计草图，也有人借助风筝、气球和**滑翔机**亲身试验。在过去的 100 年中，发明家们成功造出了带动力的飞行器。

什么是飞行？飞机是怎么飞起来的？造出第一批飞行器的发明家是谁？在这本书中，你将对飞行原理展开探索，了解从**公元前**1000年的风筝发展到现代太空船这一有趣的飞行史。

词汇单

滑翔机：本身没有动力、借助气流滑行的飞机，或者由带动力的飞机牵引。

公元前：公元是大多数国家通用的一种纪年标准，从传说的耶稣诞生那一年算起，这一年之前的年代称为公元前。

飞行家：乘坐飞行器的旅行者。

神话：人们一度信以为真，但其实是虚构出来的人或物的故事。

传奇：关于历史上的英雄的故事。

本书将帮你解答很多的问题。你会遇到很多了不起的人，比如孟格菲兄弟、李林塔尔、林德伯格，还有科尔曼。你会了解到很多**飞行家**、纪录创造者以及发明家的故事，还会读到流传世界各地的有关飞行的**神话**和**传奇**。

书中设计的各种趣味活动，能帮助你了解飞行背后的科学知识。比如，为什么鸟能飞而我们不能。你还会读到一些好玩的笑话和趣事。当你读完这本书，你可能就知道了飞机的基本结构，能以飞行员的方式发送信息，还可能做出你自己的飞行器！

还在等什么？赶快跳进驾驶舱，戴好护目镜，开始我们的探索飞行之旅吧！

飞行史

说起飞行史，人们指的是在过去很长一段时间内发生的事件。风筝的发明是在公元前 1000 年左右。此后过了近 3000 年，直到 1903 年，莱特兄弟才成功发明了带动力的飞机。又过了 50 多年，第一艘现代宇宙飞船才发射升空。

不过，你是否想过自然界里的飞行活动呢？自然界中的飞行活动可有数百万年的历史了呢！

首先，树叶和种子会飞。树叶和种子不像鸟儿一样有翅膀，但它们一样可以旅行。它们旅行借助的是风。有的种子会像直升机的螺旋桨一样旋转。

词汇单

滑翔：不使用动力进行着陆，也指平滑而不费力地在空中或水面上移动。

有的则随着风四处飘动，种子上纤细的毛就是它的降落伞。还有的种子会**滑翔**。有一种产于印度尼西亚的翅葫芦，它的果荚有足球大小，长着翅膀的种子会滑翔，两个翅尖的距离可达到 15 厘米宽。

它们是怎么飞起来的？

在开始书中的趣味活动之前，我们先来看看影响飞行的四种**力**。力就是推拉物体使物体运动状态发生变化的力量。比如，你推一下坐在秋千上的朋友，就产生了推力。早上穿袜子时把袜子拉上来，用的就是拉力。

升力、**重力**、**推力**和**阻力**，是作用于所有飞行物的四种基本的力。力总是成对出现的。升力让飞机升起来。飞机的机翼及其在空气中的运动就产生了升力。重力则把飞机向下拉。推力推着飞机向前飞行。飞机的推力来自于机上的螺旋桨或喷气式发动机。第四种力——阻力则让飞机的速度慢下来。

任何物体想停留在空中，这四种力必须保持平衡。

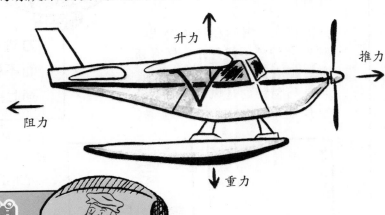

升力　推力　阻力　重力

词汇单

力：推、拉的力量。

升力：向上的力。

重力：让物体落向地面的力。

推力：推动物体的力。

阻力：阻碍物体运动的力。

升力和重力、推力和阻力这两对力时时都在相互抗衡。要是一种力比另一种力大了，飞机就会失去平衡。在这本书里，关于这四种力的知识以及飞行器如何依靠完美设计停留在空中的问题，你会读到很多。

词汇单

爬行动物：身上长有鳞片，靠肚皮或者短腿爬行的动物。例如蛇、龟和鳄鱼。

三叠纪：2.5亿至2亿年前。

白垩纪：1.44亿至6500万年前。

会飞的动物

科学家们认为，大约在3.6亿年前，就有会飞的昆虫了。从**三叠纪**晚期到**白垩纪**晚期，翼手龙一直是天空中的霸主。这种会飞的大型**爬行动物**的翼展有的可以达到12米。排在它们之后的则是鸟类和蝙蝠。

今天，地球上能飞的动物只有昆虫、蝙蝠和鸟类了。它们都有翅膀，因此它们能飞起来，并在空中持续移动。这些动物不像飞机那样有发动机来提供推进力，它们起飞和在空中飞行靠的是自身的能量。

包括飞鼠、蛇、鱼和青蛙在内的不少动物都会滑翔。黑掌树蛙能在树与树之间滑翔15米。它跳起来的时候，会将脚趾之间的蹼张开，就像降落伞一样，然后缓缓降落。

你知道吗？

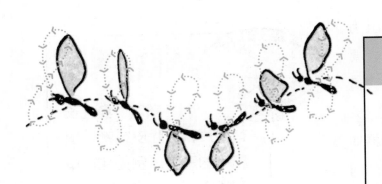

词汇单

悬停：一动不动
地悬浮在空中。

种类：相同的动物或植物
构成的一个群体。

气压：空气施加在物体上
的力。

在会飞的生物中，昆虫的数量最大。昆虫的翅膀不能像鸟儿或者蝙蝠的那样上下扑动，为了产生升力，它们必须飞"8"字形。蜻蜓之类的昆虫看起来好像很纤巧，其实它们的翅膀很结实，足以让它们像直升机一样在空中**悬停**。有些**种类**蜻蜓的飞行速度可高达每小时32千米。

鸟类同样很强壮。要是我们能像游隼一样，以赛车般的高速飞行，那一定是一件很好玩的事！游隼是世界上飞得最快的鸟类，猎食时俯冲的速度可达到每小时320多千米！鸟类能飞行，是因为它们拥有强健的胸肌，能使翅膀上下及前后扑动。鸟类扑动翅膀时，由于翅膀上侧面有一定的弧度，空气在翅膀上方的流动速度就会比翅膀下方快，从而使翅膀下方产生更大的**气压**。这个压力差就将翅膀托了起来。

数千年来，人们一直梦想着能像鸟儿一样飞行。如今全球每天乘坐飞机的人数已超过400万。

你知道吗？

蝙蝠虽然不像游隼飞得那么快，但也创造了一些记录。蝙蝠是唯一能飞的**哺乳动物**。不仅如此，它们还拥有哺乳动物中运动速度最快的肌肉，可使翅膀每秒扇动 200 次！蝙蝠的翅膀上不像鸟儿一样长着羽毛，蝙蝠的翅膀由皮肤、骨骼和肌肉构成。

词汇单

哺乳动物：人类、狗和老鼠都属于哺乳动物。哺乳动物都有脊椎，给后代哺乳，基本上都长有毛发。

祖先：生活在你之前的亲人。

工程师：运用科学和技术知识来设计和制造东西的人。

自然界中的飞行很神奇吧！难怪人们几千年来一直在研究这些会飞行的生物。我们的**祖先**曾经尝试过模仿鸟类飞行，下面一起来看看他们有没有成功。

相关发明

（制造飞机的）洛克希德马丁公司的**工程师**们正在研制一种能像枫树种子一样飞行的机器。这种被命名为"武士"的无人驾驶飞机（UAV）靠不断旋转获得升力。装载了摄像机的"武士"未来有可能进入军用领域。

会飞的种子和叶子

大家见过秋天从树上打着旋儿下落的种子以及飘落的树叶吧？在下面这个活动中，大家一起来找找看，自己家附近都有哪些种子和叶子。

1 在自家后院，或者和大人一起到附近的公园，找找落在地上的树叶和种子。尽量搜集各种不同的样本。

2 把找到的种子和树叶小心地放进塑料盒里。

3 到家后，找一个干燥平坦的地方，把收集的样本铺开。

4 用放大镜仔细观察种子和树叶，然后把观察结果写下来。

5 按照颜色、质地、形状和大小，对种子和树叶进行归类。

6 根据得到的数据制作一张表格，把分类依据写在表格上端。用尺子把表格均分。

7 在对应位置粘上一粒种子或一片树叶作为范例。表格上剩下的空格留着下次活动用。

脑筋动一动： 所有的种子或树叶都一样大小吗？还有没有别的种子长着翅膀或绒毛？

活动准备

- 室外活动区域
- 用来放置样本的大塑料盒
- 放大镜
- 一大张纸
- 铅笔
- 尺子
- 胶水

空气阻力实验

所有下落的物体都受到空气阻力的作用，也就是受到空气把它们向上推的力的作用。在下面这个活动中，大家要仔细观察，看看种子、树叶和家里的日用品在空中移动时，是如何受到空气阻力的影响的。

1 将准备材料中的物品一个个举到略高于眼睛的位置，之后放手让它们落下。

2 仔细观察物体落地的快慢，将观察结果记录在本子上。

3 站到桌子或者椅子上，两手拿不一样的两件物品。在放手让它们自由下落之前，先预测一下哪个物体会先落地。然后将实际的下落结果记录在本子上。

活动准备

- 多种不同的种子和树叶
- 揉皱的纸团
- 羽毛
- 一张面巾纸
- 杂志
- 笔记本
- 铅笔
- 椅子

想一想： 物体的形状会对它们的下落产生影响吗？实验中是否有哪个物体的运动让你联想到了某种飞行器？

原来是这样！ 空气阻力是一种阻碍力，会让在空中运动的所有物体都慢下来。飞机设计师用来降低飞机所受空气阻力的一个方法，就是将飞机的外形设计成流线型。流线型的飞机外形更平滑流畅。而这种外形便于空气无阻碍地流过飞机表面。

1. 飞的梦想

今天，你只要一抬头，就可能看见一架飞机从空中飞过。设想一下，如果我们把这一切讲给几千年前的人听，他们会有什么反应？那个时候只有鸟（大概还有神仙）才会飞。

小孩子们都爱听飞毯、会飞的马车，还有长翅膀的飞马这类的神话传说。故事里那些会飞的东西和动物虽然听起来特别神奇，但都不是真的。不过，很久以前的人们坚信这些东西真的存在。

有一个流传已久的关于公元前 1500 年的神话，说有这么一位波斯国王，坐着由 4 只鹰架着的宝座在天上飞。英国也出过一位会飞的国王。据说这位名叫布拉杜德的英国国王用魔法让自己长出了一对翅膀。结果试飞的时候这对翅膀出了问题，布拉杜德国王很不幸地摔死了。

古希腊也流传着很多关于飞行的故事。有驾着太阳战车在天空飞驰而过的太阳神阿波罗，希腊神话认为这就是我们有白天和黑夜之分的原因。还有会飞的神马帕加索斯，以它的传奇经历激励着人们。

最有名的神话故事，应该是关于代达罗斯和他儿子伊卡洛斯的故事。代达罗斯是个大发明家，当时和儿子一起被囚禁在希腊的克里特岛上。为了逃出去，代达罗斯用羽毛和蜡做成了翅膀，然后把这对翅膀给了儿子，同时提醒伊卡洛斯说，千万别飞得离太阳太近，否则蜡会熔化掉。可伊卡洛斯没有听从父亲的嘱咐，他飞得太高，最后蜡熔化掉了，翅膀散了，他也掉进海里淹死了。

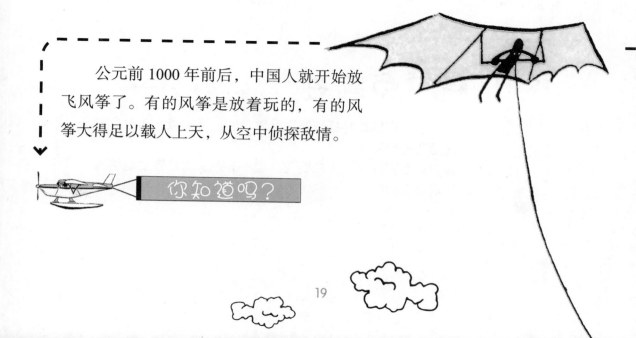

公元前 1000 年前后，中国人就开始放飞风筝了。有的风筝是放着玩的，有的风筝大得足以载人上天，从空中侦探敌情。

你知道吗？

中国有嫦娥奔月的传说。后羿是名神射手，有人给了他一瓶神药。可是还没等他喝，他的妻子嫦娥就先把神药喝光了！喝了药之后，嫦娥觉得自己的身体越来越轻，越来越轻，轻到飞起来，一直升到月亮上。据说当你抬头望月的时候，就可能看到月宫里的嫦娥。

飞 的 尝 试

人类一直就想飞。弗纳斯是西班牙的发明家和飞行家，是公认最早建造飞行器的人之一。公元9世纪，他驾着一架覆有羽毛的木制滑翔机，从西班牙的一座城楼上飞身而下。据相关记载，他的确完成了短距离飞行，但在着陆时严重受伤。不过这并没有让**中世纪**的"跳楼者"们望而却步。他们从高处跳下，扑扇着身上像翅膀一样的装置，尝试着飞起来。所有这些努力最后都以失败告终，很多人付出了生命的代价。

词汇单

世纪：100年的时间。

中世纪：从罗马帝国衰亡到文艺复兴之间的这段时期，时间大约为公元350年至1450年。

过去与现在

过去：人们想靠扑打双臂飞起来。他们不知道人靠自身力量是飞不起来的。

现在：我们知道，人想要飞，唯一的办法就是借助能将人带离地面的机械。

人类花费数百年的时间才掌握了**航空学**。15 世纪，意大利那位兼科学家、发明家和艺术家于一身的达·芬奇花费数年时间记录鸟的运动。他发现，鸟儿飞起来靠的是上下扇动翅膀。他还发现，是流经翅膀的空气产生向上的托力。

词汇单

航空学：关于飞行的学科。

航空：所有与飞行相关的事物。

要是这样可以的话，为什么不设计一台能做到这一点的机械呢？1485 年，达·芬奇设计了一台能扑动双翼的扑翼机，利用人力来扇动翅膀。不过因为达·芬奇没有进行实际的建造，所以他并没有意识到，扑翼机太沉了，根本无法使用。

××

直到 2010 年，终于有人成功实现了驾驶扑翼机飞行。来自加拿大多伦多大学的一群学生，设计并驾驶扑翼机成功飞行了 145 米，创造了**航空**史上的一个新纪录。

开心一刻

问：为什么飞行员的手臂会很累？
答：因为他要（像扑翼机一样）挥动手臂飞呀！

扑 翼 机 *

历史上，人们用来设计建造扑翼机的材料可谓多种多样。在本活动中，我们要制作一架以橡皮筋作为**弹射器**而升空的迷你扑翼机。切记：在发射扑翼机时，一定要有大人在旁边。

1 打开纸卡。在纸卡上画一个大的弯香蕉形，作为扑翼机的翅膀，再画一个小的弯香蕉形，作为扑翼机的尾翼。把画好的一大一小两个弯香蕉形剪下来。

2 把羽毛粘在翅膀朝上的一面。别粘太多，否则扑翼机就重得滑翔不了了。

3 距工艺木棒一端大约三分之一位置处，用透明胶带把翅膀粘在上面。在木棒的另一端把尾翼用透明胶带粘好。将翅膀和尾翼的两端略向上折。

活动准备

- 旧贺卡或类似材质的纸卡
- 铅笔
- 剪刀
- 工艺羽毛
- 白胶
- 透明胶带
- 长的工艺木棒或木制咖啡搅拌棒
- 回形针
- 细橡皮筋
- 封口胶带或覆盖胶带

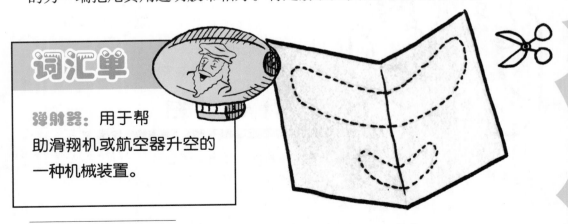

词汇单

弹射器： 用于帮助滑翔机或航空器升空的一种机械装置。

---

* 本活动制作的并非真正的扑翼机，实际上它是在获得初始动力后滑翔前进。——译者

1908 年，时任英国皇家航空学会会长的弗洛斯特，用柳木、丝绸和鹅毛制作了一架扑翼机。据说这架以气体发动机为动力的扑翼机虽然升空高度比较低，但确实飞离了地面。

 你知道吗？

4 将橡皮筋从回形针中穿过。用封口胶带把回形针固定在扑翼机下方翅膀相对应的位置处。

5 把铅笔穿进橡皮筋的圈里。像打弹弓一样，一只胳膊向前伸直举着扑翼机，另一手用铅笔套着橡皮筋向后拉。不要把滑翔机对着人或动物。确定前方无人后，发射！

试一试：可以试试用纸巾或者布等不同材料做机翼，看看飞机飞行会是什么结果。

开心一刻

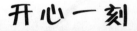

问：没有翅膀的飞行叫什么？
答：走路！

风　　筝

一起来做一只菱形的风筝。找一个远离电线的地方，在晴朗有风的天气放飞。

活动准备

◎ 一张纸，尺寸为宽 21.6 厘米、长 27.9 厘米。

◎ 剪刀

◎ 透明胶带

◎ 彩色铅笔、记号笔

◎ 小树枝或者吸管

◎ 一根长线或毛线

◎ 铅笔

◎ 卷筒纸

1 用一张纸剪出一个正方形。方法是：将纸的一条短边折向它侧面的长边，使这条短边和长边对齐。这时，你会看到一个三角形和三角形外的一个长方形。把这个长方形剪掉，只留下三角形。

 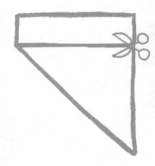

2 将三角形打开就是一个正方形，把它放在一个平面上。把正方形纸旋转一下（如右图），让它看起来像一个菱形。

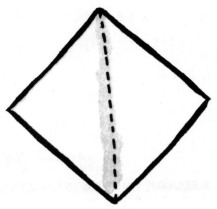

3 将左右两个角向中间对折，在中线处对齐。折好后用力压出折缝折痕，然后用胶带横竖粘牢，做成一个风筝。

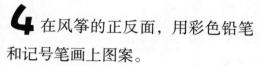

4 在风筝的正反面，用彩色铅笔和记号笔画上图案。

5 在风筝有折痕的一面，用胶带将小树枝或者吸管横向固定在风筝左右两角的对角线上，也就是刚才两角对折后形成的上面那条边上。

6 取一根长线，把长线的一头系在小树枝的中间位置，打一个结，然后用胶带粘牢，固定位置。

7 把长线的另一头系在铅笔上，用铅笔把线缠好。

8 从卷筒纸上剪下 60 —90 厘米长的纸，粘在风筝的尾部，做成拖尾。

9 在有风的天气里放飞风筝，看看你的风筝能在天上飞多久！

试一试: 把拖尾做得长一些，把风筝做得大些或者小些……试试不同形状与大小，观察一下它们飞得有何不同。

原来是这样! 只要空气向上的托力大于风筝向下的重力，风筝就会停留在空中。放风筝的人为了让风筝一直飞，会尽量让风筝和风向保持一定角度。这个角度叫做迎角。

费纳奇镜

为了解答人类怎样才能飞起来这一问题，达·芬奇对鸟类的飞行进行了研究。我们一起来制作一个演示鸟类如何飞行的费纳奇镜。费纳奇镜是一种能让东西看起来好像在动一样的动画装置，在电影出现之前就已经存在了。

1 将文件夹从中间剪断，裁成两片。用圆规在其中一片上画一个大圆。

2 用剪刀将圆剪下来。

3 用圆规将圆分为若干个相等的小块。当然你也可以将圆轻轻地对折，之后再对折，再对折。打开之后，圆就等分为八块了。

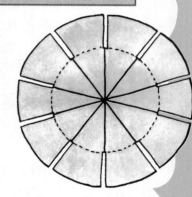

4 在每个小块的两侧各剪出一个小豁口。

5 在各小块上依次画出鸟在不同飞行阶段的运动状态。你可以和大人一起上网找找相关资料，也可以从书中查阅。

6 将铅笔从圆的中心穿过，让带橡皮的一头位于图像一侧。

7 站在镜子前，使你自制的费纳奇镜有图像的一面朝着镜子。

8 将费纳奇镜举到面前，拿住后面。利用铅笔杆转动费纳奇镜。在它旋转的时候，透过上面的那些小豁口，从镜中观看你画的那些图像。你看到吗？鸟动起来了！

关于飞行的神话

神话讲述的是关于人们想象中的生物的故事。假设你是一个讲故事的人，生活在一个人们还不知道飞行器是什么东西的时代，你会编出什么样的神话，来表达自己想飞的愿望呢？

1 我们就从下面这些问题开始吧：

• 你的故事发生在哪儿？

• 故事里的主要人物是谁？这个人为什么与众不同？

• 故事里还有其他人物吗？

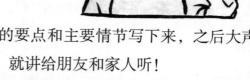

• 哪些人或物是想象出来的？他们会讲话吗？他们有什么特殊之处？

• 故事里人们遇到的主要问题是什么？是怎么解决的？

2 把你创作的这个飞行故事中的要点和主要情节写下来，之后大声练习把这个故事讲出来。等练好了，就讲给朋友和家人听！

相关发明

"纳米蜂鸟"是一种体积微小的遥控飞行器，能在空中进行原地悬停、前飞及后飞等。装备上摄像机后，这种飞行器将来可能进入警用和军用领域。

2. 越飞越高

　　充满好奇心的法国孟格菲兄弟约瑟夫和雅克，一直想弄明白，到底是什么让壁炉中的烟升起并跑出烟囱的。为了找到答案，两人张开一个丝质口袋，然后在开口下方升了一堆火。结果口袋飞起来了。兄弟俩认为，一定是火产生了一种特殊气体，才让袋子飞起来的。他们称这种特殊气体为孟格菲气体——其实就是热空气而已。虽然当时他们并没有弄明白是怎么回事，但他们发现了热空气轻于冷空气。正因如此，充满了热空气的物体会上升。

　　兄弟两人的好奇心最终造就了 1783 年 6 月 4 日人类第一只热气球的升空。他们在气球下用稻草和羊毛升起火，然后看着气球升上了 1000 米的高空。后来，这只气球降落在离出发地 1.5 千米以外的地方。

在用小气球进行了多次试验之后，兄弟俩终于做好了制造大型载人热气球的准备。1783 年 9 月 19 日，他们在法国**凡尔赛宫**，当着 13 万人的面，升空了他们精心制作的热气球。法国国王亲自拿着望远镜从王宫观看了气球升空过程。这只气球在飞行了近 3000 米后，带着所载乘客安全返回了地面。幸运的乘客都是谁呢？一只羊、一只公鸡，还有一只鸭子。

词汇单

凡尔赛宫：1682—1789 年间，法国国王的宫殿。

一个月后，孟格菲兄弟又建造了一只高 21 米、直径 12 米的大热气球。气球呈蓝金两色，非常漂亮。这次该由谁来担当勇敢的驾驶者呢？国王路易十六本来想派个犯人，但后来同意让罗泽尔和达兰德斯两个人驾驶。罗泽尔是位科学家，而达兰德斯是位侯爵。1783 年 11 月 21 日，气球载着他们两人飘行了 8000 米，飞行了 25 分钟后安全着陆。这两人也因此成为历史上最早乘坐热气球飞行的人。

为飞行的魔力所吸引，越来越多的航空**先驱**投入到了热气球的研究中，其中就有法国人布兰沙尔。1785 年，布兰沙尔乘坐热气球成功飞越**英吉利海峡**。1793 年，他又完成了人类在北美的首次热气球飞行。美国人彭宁顿设计"空中飞鸟号"时，考虑利用风扇将空气吹入气球，使气球膨胀。由于彭宁顿始终没钱来建造大尺寸的**样机**，结果他的妻子将他的设计以500美元的价格卖给了莱特兄弟。

词汇单

先驱： 最先从事某工作或发现某物的人。

英吉利海峡： 大西洋中将英国和法国隔开的一道海峡。

样机： 能运转的模型。

美国内战： 1861—1865 年，发生在美国北部 25 州和南部 11 州之间的战争。美国南方军队称联盟军。北方军队称联邦军，受美国联邦政府支持。

美国的间谍气球

无畏号

热气球在**美国内战**期间发挥了重要作用。无论是来自南方的联盟军，还是来自北方的联邦军，都利用热气球来侦查对方的军情。

美国当时有位著名的热气球驾驶员仁撒迪厄斯·劳，他认为利用热气球来监视敌情非常合适，并成功地说服了美国总统林肯。林肯总统接受了他的建议，很快联邦军就建立了热气球部队。后来劳又为热气球部队制造了六只热气球，针对联盟军的侦察行动非常成功。但由于这种侦察行动的成本太高，1863 年，热气球部队解散。

你可能听说过飞船，可是你听说过飞艇吗？1852年，法国工程师吉法尔发明了飞艇。这是一种软式飞艇。与热气球不同，飞艇是可以控制方向的，而且带有动力装置。当时的飞艇其实是一个大气囊，形状像个热狗。在充满比空气轻的**氢气**后，飞艇就能飞上天。

飞艇下方悬挂着一个开放的篮子叫做吊篮，是用来载人的。驾驶员在吊篮中操纵飞艇的**舵**，飞艇的后部装有由**蒸汽机**驱动的螺旋桨。飞艇每小时只能飞行5千米，就算马车也能轻易超过它。

词汇单

氢气：一种比空气轻的气体。

舵：交通工具在水上或空中航行时，用来控制方向的装置，形状像鱼鳍。

蒸汽机：依靠热蒸汽驱动的发动机，最早由瓦特于1775年发明。

今天，像"固特异飞艇"一类的软式飞艇所充的气体都不再是氢气，而是氦气。原因是氢气非常易燃甚至可能发生爆炸。

你知道吗？

在接下来的 50 年里，飞艇**技术**日趋完善。重量更轻、动力更强的发动机取代了蒸汽机。1900 年，德国的费迪南·冯·齐柏林伯爵建造升空了当时世界上最大的飞艇。"齐柏林飞艇"的外形和软式飞艇相仿，只是四壁都是硬的。它的体积更大，载重量也更大。在**商业**客机出现之前，"齐柏林飞艇"是人们往来欧洲和美洲之间的常用交通工具。

词汇单

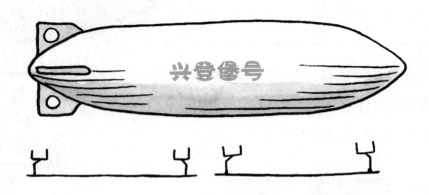

技术：用来解决问题或完成工作的工具、方法或系统。

商业：以营利为目的的交易。

1936 年，有史以来体积最大、乘坐也最舒适的"齐柏林飞艇"投入使用。这只被命名为"兴登堡号"的飞艇比两个足球场加起来还长。艇上不仅设有餐厅和钢琴茶座，供乘客欣赏音乐及享用美食，更有艇外的美景可以欣赏。不过，它的一张单程票的价格高达 400 美元，相当于今天花 6500 美元买一张单程票。"兴登堡号"由装备的四台巨型柴油发动机为它提供动力，一次可以载客 70 人，从德国的法兰克福飞到美国新泽西的莱克赫斯特，只需 60 小时。

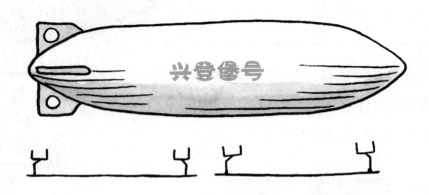

可惜的是，1937年5月6日，就在"兴登堡号"准备在新泽西着陆时，突然燃起了大火并发生爆炸，36人在爆炸中丧生。利用轻质气体的飞艇时代，也因为这次事故而终结了。

降　落　伞

在过去的几百年中，为了能减缓从高处落下时的速度，人们试过斗篷、帽子和其他多种织物。1783年，在多次利用伞从低处试跳后，法国人路易·塞巴斯蒂安·鲁诺尔曼终于用布料做出了一个锥状的布篷，并利用它从一座高塔上试跳成功。就连英文中降落伞这个词，据说也是鲁诺尔曼创造的。降落伞的英文为"parachute"。其中"para"来自希腊语，是"防止"的意思，而"chute"则来自法语，意思是"坠落"。所以合在一起就是"防止坠落"。

2000年7月，英国跳伞家艾德里安·尼古拉斯尝试用达·芬奇1483年设计的降落伞进行跳伞。他从3000米高空中的热气球上跳下，用达·芬奇降落伞在空中飘浮了大约10分钟后最终放弃，最后利用现代降落伞安全着陆。

你知道吗？

在鲁诺尔曼试跳成功两年后，热气球先驱法国人布兰查德也转向了降落伞的研究，并利用狗和松鼠等小动物进行了多次实验。这些动物很幸运，因为布兰查德的实验都很成功。1797年，另一名法国人加纳兰从热气球上跳伞成功，创造了人类首次跳伞纪录。

早期的降落伞到底是什么样的呢？18 世纪以前的降落伞就是在木架子外面蒙一块布，看起来就像撑开的雨伞。到了 18 世纪末期，降落伞变得更轻便，更结实，结构也更灵活，材质大都采用丝绸。**第一次世界大战**和**第二次世界大战**期间，飞行员和士兵用的降落伞已经小到双肩包就可以装下了。

今天的降落伞有很多用途。以娱乐为目的的跳伞运动，用降落伞主要是为了减缓下落的速度。军方利用降落伞则是为了从飞机和直升机上空投**货物**、人员和医疗物资。2012 年，**美国国家航空航天局**利用一只直径达 21 米的降落伞，帮助"好奇号"火星车在火星表面成功着陆。

词汇单

第一次世界大战：1914—1918 年，发生在欧洲的一场战争。

第二次世界大战：1939—1945 年，世界上大多数国家都参与的一场战争。

货物：船或飞机运载的物品。

美国国家航空航天局（NASA）：负责美国空间项目的政府机构。

相关发明

"夏尔巴人"是美国军方和特种部队使用的一种采用了 GPS 技术的遥控降落伞。它可以用来运送货物、参与搜救。部分型号的"夏尔巴人"一次可运送重达 4500 多千克的货物。

软式飞艇

在大型体育活动举办现场，经常会看到软式飞艇。不过如果你想看软式飞艇的话，用不着非得等到举办大型赛事时，你可以给自己做一只。注意本活动要在室内进行，这样你的飞艇才不会飘走。

1 把绳线对折，剪成两段，分别系在两只氦气球上。在你准备其他材料的时候，先把气球系在门把手上。

2 从鸡蛋盒上剪下三个格子，做成吊篮。用彩色记号笔将吊篮装饰一番。

3 在吊篮两端各钻一个穿绳的孔。将拴着气球的绳子从孔中穿过去。让气球和吊篮距离40厘米左右，将绳拴好。注意保持两只气球与吊篮的距离一致。

4 在室内放飞你的飞艇，看看发生了什么。

5 在吊篮里放上几个硬币，观察在增加了重量后，飞艇会是什么情况。

原来是这样！ 你的飞艇会飘浮，因为氦气比空气轻。硬币代表真实飞艇上所用的升降气囊。气囊里填充的是空气。升降气囊不充气的时候，飞艇会上升。升降气囊充气的时候，飞艇就会缓慢下降。

活动准备

◎ 绳线（1.8 米长）

◎ 剪刀

◎ 两只氦气球

◎ 鸡蛋盒

◎ 尺子

◎ 彩色记号笔

◎ 几个硬币，或其他较轻的东西

达·芬奇降落伞

降落伞的用途很多，可以用于娱乐，也可以用来向飞机和直升机无法降落的地方运送医疗物资、食物、水以及人员。

1 在纸上画一条长 9 厘米的线，然后用量角器在线段两端各向上量出一个 60° 的角，并画一条 9 厘米长的线，构成一个边长为 9 厘米的等边三角形。

2 用同样方法再画三个同样的等边三角形。把四个等边三角形都剪下来，用记号笔或者蜡笔画上图案，装饰一番。

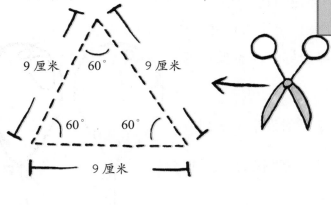

9 厘米　60°　9 厘米

60°　60°

9 厘米

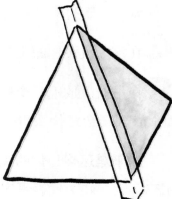

3 用透明胶带把这四个三角形粘成一个无底的金字塔状。

4 用剪刀在每个三角形底边上戳一个小孔。在金字塔尖也戳一个小孔。

5 剪出四条20厘米长的牙线，再剪出一条30厘米长的牙线。

6 把30厘米长的牙线从金字塔尖穿过，并在塔尖处打结，让线自然垂着。将其他四根稍短的牙线分别穿过底边的四个小孔，将五根牙线系在一起。

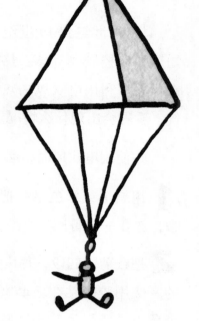

7 在30厘米长的那根牙线末端系上你的小重物。

8 从不同高度，对你的降落伞进行下落测试。

试一试： 利用秒表将降落伞落地的时间记录下来。可以将牙线末端系的重物换成螺钉、回形针或者其他你想实验的东西。也可以缩短或者加长牙线的长度。还可以用不同材质的材料制作降落伞。试一试，不同形状、大小的降落伞的下落时间有什么不同。

原来是这样！ 降落伞的作用原理是产生阻力。降落伞打开后，伞里就充满了空气，从而减缓下落的速度。

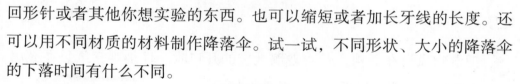

过去与现在

过去： 据说公元前2200年左右，中国的舜帝就曾用两只大斗笠作降落伞，从高高的粮仓顶上跳下。

现在： 跳伞者利用轻质尼龙制成的方形或长方形的降落伞，从4000米高空跃下。

迷你热气球

从 18 世纪到 19 世纪中叶，人们并不知道如何控制热气球。热气球只能随风飘来飘去。利用电吹风加热你热气球里的空气，看看会出现什么情况。

在使用电吹风时，必须有大人在场。

1 用蜡笔或彩色铅笔把蛋糕底座装饰一番，放在一边备用。

2 把线剪成四段，每段 15 厘米长。将线的一头用胶带粘在玻璃纸袋开口一端的四个角上，线的另一头用胶带粘在纸杯蛋糕底座上。

3 把电吹风设在低档，对着玻璃纸袋的开口吹。仔细观察纸袋在充满了电吹风吹入的暖空气后，会出现什么情况。

想一想： 你的玻璃纸袋飞起来了吗？为什么飞起来，或者为什么没飞起来？如果袋子上有窟窿，这个实验还会成功吗？为什么呢？

原来是这样！ 空气是由很微小的分子构成的。空气受热后，分子之间的距离就会加大，分子扩散，导致空气变轻。随着袋子里空气温度的升高，它的质量就比周围的空气轻了，结果袋子就被托起来了。

活动准备

- 大号纸杯蛋糕底座一个
- 蜡笔或者彩色铅笔
- 剪刀
- 线
- 透明胶带
- 小号玻璃纸袋一个（3 厘米Ｘ28 厘米）
- 电吹风

3.人能飞起来了

你喜欢折纸飞机、放风筝吗？纸飞机和风筝都属于简单的滑翔机。所有不带发动机的飞机都称为滑翔机。不论是悬挂式滑翔机还是翱翔机，甚至连返回地球时的航天飞机都属于滑翔机。那么是什么让滑翔机在天上飞的呢？是滑翔机的机翼产生的升力。滑翔机的速度越快，机翼产生的向上的升力就越大。

英国的乔治·凯利爵士是滑翔机领域的先驱，是他第一个发现，重力、升力、阻力和推进力的合力让鸟儿可以自由滑翔，而不必扇动翅膀。

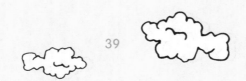

1809 年，凯利制作了一架滑翔机，将一名 10 岁男孩带离地面好几米。1853 年时，凯利已经八十高龄，他的一架大型滑翔机也制作完毕，只待试飞。由于凯利不想亲自飞，他的车夫约翰·爱普比就成为了世界上首位成功驾驶固定翼滑翔机飞行的人！不过爱普比在试飞后马上就辞工不干了，他说当初他受雇于凯利爵士可不是为了来飞行的！

1891 年，德国工程师李林塔尔建造了第一架实用的滑翔机。李林塔尔被鸟类的飞行深深吸引，从小就花大量的时间来研究鸟和鸟翼的**解剖结构**，最后终于发现了鸟类通过扑打鸟翼产生升力和推进力的秘密。李林塔尔坚信：只要翅膀够大，他也能飞起来。

1889 年，他设计的关于鸟翼形状大小与产生升力大小的对应表诞生。他将自己的发现出版成书，这就是《鸟类飞行——航空的基础》。后来的滑翔机设计者（包括莱特兄弟）都曾学习过他的这本著作。

词汇单

悬挂式滑翔机： 有人驾驶的滑翔机，使用纺织材料制成，形状像降落伞或大风筝。

滑翔机： 有人驾驶的滑翔机，具备飞机的基本部件和结构，也有飞行控制系统，但不配备发动机。

解剖结构： 生物体的结构。

李林塔尔利用柳木和上了蜡的棉布制造了 16 架不同的滑翔机。他将自己绑在滑翔机上，等到风速风向都合适的时候，就从小山顶上一路急奔而下，让滑翔机带着他飞冲上天。很多观众都看过他的飞行表演，而"飞人"的照片也从欧洲传到了美洲。

在 2000 次安全滑翔之后，1896 年 8 月 9 日的那次滑翔却成了李林塔尔最后的飞行。强风将滑翔机的机头推得竖立起来，李林塔尔从 15 米高处坠落，不幸遇难。

动力飞行

滑翔机能飞，但飞不了多长时间。19 世纪中叶的发明家便尝试着利用蒸汽发动机为滑翔机提供动力，以解决长时间飞行问题。蒸汽机是通过在锅炉里烧煤或者木材产生的蒸汽来获取动力。

其中的一次尝试，就是英国人威廉·汉森和约翰·斯特林费洛设计了一架"空中蒸汽运输机"。在还没试飞之前，两个人就为自己的发明印制了宣传册，上面印的是他们发明的滑翔机飞过埃及金字塔的图片。后来两个人确实建造出了一台样机，但是根本飞不起来。他们的蒸汽动力发动机提供不了足够的动力。

最早的飞机

词汇单

串联翼： 飞机的
两个机翼一前一后排列。

坠毁事故并没有让发明家放弃，他们继续为改善飞行器性能而努力。美国人兰利是航空学研究领域的先驱。1887 年，兰利开始了无人驾驶飞行器的研究。他研制飞机的机翼为**串联翼**，双螺旋桨，发动机采用蒸汽机。兰利把这台飞行器样机命名为"Aerodrome"，希腊语中"飞人"的意思。

1895 年，兰利的 5 号样机建造完成，并在华盛顿附近的波托马克河上，从水上住家的船上弹射起飞。飞机在空中飞行了 1000 米，完成了世界上首次大尺寸无人驾驶飞行器的动力飞行。当时的美国总统麦金莱拨给兰利 5 万美元的经费，用于研究建造一架能载人的飞机。

1903 年，在对设计方案进行了多次修改后，兰利认为应该可以载人飞行了。可惜的是，两次有人驾驶的试飞都以失败坠河而告终。庆幸的是，两次坠毁中飞行员都安全游回了岸上。

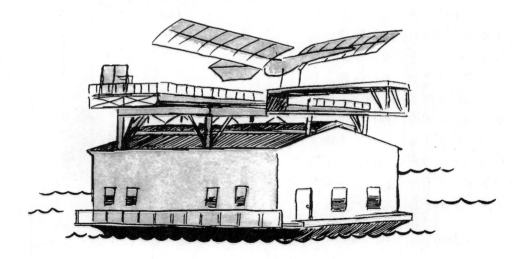

相关发明

军队利用滑翔机悄无声息地为地面部队运送物资给养。"鹰眼"是一种串联翼滑翔机，可遥控飞行 80 千米。

莱 特 兄 弟

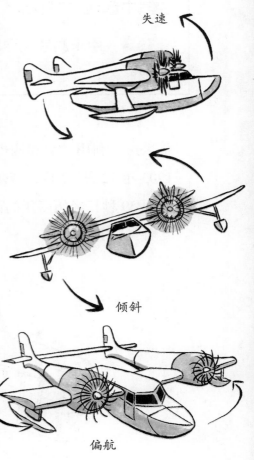

失速

倾斜

偏航

在兰利忙于自己的创造时，还有两兄弟在埋头研究有人驾驶飞机。1903 年 12 月，就在兰利试飞失败 9 天后，莱特兄弟试飞成功。

威尔伯·莱特和奥维尔·莱特两兄弟是来自美国俄亥俄州的自行车制造商。他们从小就着迷于飞行，一玩起他们的玩具直升机就爱不释手，从不厌倦。长大以后，他们阅读了关于飞行的所有资料。

在对风筝和滑翔机进行试飞时，兄弟两人选择了北卡罗来纳州的基蒂霍克。选择这里是因为这里经常风速很低，而且气流比较平稳。在经过上百次的试验后，莱特兄弟明白了一点：他们必须在三个方向上控制飞机保持稳定，否则飞机可能下落或爬升（失速），机身向左或者向右倾侧（倾斜），还可能向左或者向右偏转（偏航）。

词汇单

双翼机：有两对机翼的飞机，一对机翼在另一对机翼的上方。

空气动力学优势：拥有某种外形，能降低该物体在空气中运动时的阻力。

风速计：用来测量风速的仪器。

莱特兄弟建造了一个风洞，对样机的机翼进行了 200 多次测试。

最终他们决定试飞第一架依靠内燃机推动的飞机 "飞行者一号"。"飞行者一号" 是一架**双翼机**，机身采用轻质的桦木制造。机上装有一台四缸发动机。它具备许多**空气动力学优势**的特征，包括两只直径 244 厘米的螺旋桨。

飞行时，飞行员仰躺在下层机翼上，操控与机翼相连的滑轮和线缆。通过将机翼翼端向相反方向扭转，防止机身出现倾斜。机上还装配有**风速计**，随时测量风速。利用秒表和测得的风速，飞行员可以计算出自己的飞行速度。1903 年 12 月 17 日，威尔伯驾驶着 "飞行者一号" 飞行了 260 米，飞行时间 59 秒！经历多年的试验和测试，莱特兄弟成为了人类历史上第一批驾着飞机上天的人。

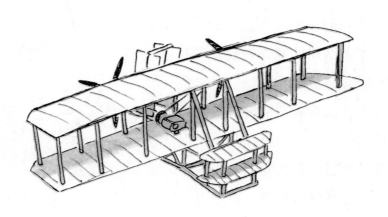

飞行技术起飞了！

在莱特兄弟取得成功之后，航空业开始迅速发展。1909年8月，飞行家们聚首法国，角逐飞行大赛中的各个奖项。这次大赛取得了巨大成功。在飞行的**海拔高度**、速度和距离上，都产生了新的纪录。美国的飞机建造师及驾驶员柯蒂斯夺得了20千米速飞冠军，报纸上称他是"世界飞行冠军"。

就在这次大赛举办前的一个月，伦敦的一家报纸现金悬赏，奖励第一位成功飞越横在英法两国之间的英吉利海峡的人。法国发明家兼飞机设计师布莱里奥曾经试飞过扑翼机、滑翔机以及**厢型风筝**等，他驾驶自己设计的**单翼机**飞行了20分钟。他决定试一试。1909年7月25日，他飞行了35千米，成功飞越英吉利海峡，一举拿下了大奖！

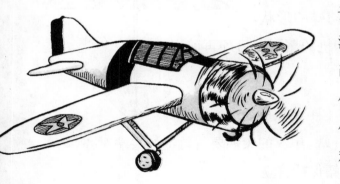

布莱里奥马上成了明星。他创建了飞机制造公司，第一批应用在战场上的飞机就是由他的公司制造的。第一次世界大战早期，他的飞机被用作侦察机，战争末期时又充当了战斗机。

词汇单

海拔高度：高出海平面的高度。

厢型风筝：加装了发动机和尾翼的风筝。

单翼机：只有一对机翼的飞机。

滑 翔 机

滑翔机具备不同的形状和大小，但不管是哪一种，都需要有机翼才能飞起来。

1 在竹签的尖端扎上一小块橡皮泥。

2 将打印纸的长边从中间对折，然后沿折痕剪成同样大小的两张。取其中一张，从长边中间对折。折好后，沿折边从下向上 10 厘米的地方用笔做个记号。沿与折边平行的对边向上 4 厘米处做上记号。用尺子和笔将这两个记号点连上。

3 沿着这条连线剪开，然后将剪下的部分打开，这就是滑翔机的机翼。

4 在另外一张纸上按照与机翼同样的形状、尺寸减半画好，剪下，这就是滑翔机的尾翼。另外再剪出一个小三角形，作为滑翔机的背鳍。

5 将机翼用透明胶带固定在竹签上距离橡皮泥端 5 厘米处。将尾翼用胶带固定在竹签的另一端。尾翼的尖端要与竹签的尖端对齐。最后将背鳍粘在尾翼的中央，让背鳍保持直立。

6 用一只手将滑翔机举过头顶，机头上扬，向空中抛射。

试一试: 试着将滑翔机的机翼加长或者缩短，或者改变机翼的形状。在滑翔机上加上荷载，比如加个曲别针。再试试将荷载加在滑翔机不同的位置上，看看抛射出去的飞机的飞行轨迹会发生什么变化。

活动准备

◎ 25 厘米长的竹签

◎ 橡皮泥

◎ 打印纸

◎ 铅笔

◎ 尺子

◎ 剪刀

◎ 透明胶带

推进力与阻力

找个有风的天气去骑自行车，看看风是怎样让你骑得更省力或者更累的。

1 找个能骑车的地方，量出 100 米的距离，或者大约足球场那么长的距离。

2 试着顶风骑车，同时请你的朋友帮你记时。注意到蹬起车来有多费力了吗？你感觉到空气迎面挡着你的力量了吗？这就是阻力。把骑车时间记下来。

3 现在再顺风骑车，还是请朋友帮你记时。骑行距离和你顶风时的相同。注意到风怎样从背后推着你走了吗？这就是推进力。将时间和距离记下来。与你刚才顶风时相比，时间长短有什么不同？

原来是这样! 你顶风骑行时，风把你向后推。这就是阻力，也就是阻碍向前运动的力。自行车运动员参加比赛时，他们骑的自行车以及头上的头盔，都是按照空气动力学原理设计的。另外，他们的自行车比赛服也很紧身。这些都是为了降低骑行时空气的阻力。

活动准备

◎ 自行车
◎ 秒表，或者带秒针的手表
◎ 刮风天
◎ 纸和铅笔

机　翼

飞机的机翼形状很特别，我们称之为翼型。机翼上表面的弧度比下表面的弧度大，空气在机翼上方的流动速度比在机翼下方的快。伯努利原理指出，空气流动的速度越快，产生的压力越小。机翼下方流动较慢的空气对飞机产生的压力就较大，结果飞机就被抬起来了。

开展该活动，使用电吹风时，需要成人在场。

活动准备

- 纸 1 张
- 尺子
- 铅笔
- 剪刀
- 胶带
- 丝带
- 麦片盒
- 竹签或吸管 2 根
- 电吹风

1 剪一条长 20 厘米、宽 4 厘米的纸条。将纸弯曲，两条短边对齐。注意不要将对折处折出折痕。将对齐的两条短边用胶带粘牢。一个机翼就做好了。

2 剪 2 条长 20 厘米的丝带。将其中一条用胶带粘在机翼上方中央靠近弧度隆起的地方，另外一条粘在机翼下方相应的位置上。

3 将麦片盒子的一端剪开，做成一个风洞。将盒子立起来，开口朝下，用胶带粘在台面上。

4 在盒子较大的两个侧面中间对穿两对小孔，这样每面上都有两个小孔，且两孔距离 5 厘米左右。将两根竹签从两对孔中穿过。

1909 年 8 月 2 日，莱特公司设计制造的军用飞机成为世界上首架军用机。这架飞机的平均飞行速度为每小时 64.4 千米，用于部队中的飞行员训练。目前该机展出于美国华盛顿特区的美国国家航空航天博物馆。

你知道吗？

5 将做好的机翼套在露出风洞外的竹签上，让机翼保持水平。

6 将电吹风设为低档，对着机翼隆起的一侧吹。看看两根丝带有什么变化。

试一试： 试试改变机翼的形状。用不是流线型的物体，比如方的、长方形的物体试一试，看看丝带运动发生了什么变化？

原来是这样！ 在机翼这样的流线型物体周围，空气就比较容易流动。所以上面粘着的丝带会平着飞起来。如果你把丝带粘在非流线型的物体上，丝带就会乱摆，因为气流运动紊乱了。

风 速 计

风速计测的是风速。莱特兄弟在试验自己的飞机时，就使用了一种手持风速计估测风速。你也可以自己做个风速计，测录一下你家附近的风速。

活动准备

◎ 鸡蛋盒
◎ 剪刀
◎ 记号笔
◎ 两根长吸管
◎ 透明胶带
◎ 带橡皮头的铅笔
◎ 大头针
◎ 秒表或者带秒针的手表

1 从鸡蛋盒上剪下四个蛋杯。在其中一个上面用记号笔做上标记，然后放一边备用。

2 将两根吸管十字交叉，在交叉处用胶带粘牢。

3 在两根吸管的四个顶端各粘一个蛋杯。粘蛋杯时，注意让蛋杯开口保持方向一致。

4 将大头针穿过吸管十字交叉点，然后扎进一支铅笔的橡皮头里。必须保证十字形吸管能自由转动。

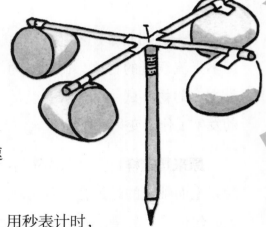

5 在有风的天气里，将做好的风速计拿到室外，让铅笔尖朝下，将风速计扎进土里。

6 以带着标记的那个蛋杯作为起点。用秒表计时，数数每分钟该蛋杯转了几圈。通过这个数字你就能计算出风速。比如，如果是每分钟转两圈，那风速大概为每小时 3000 米。

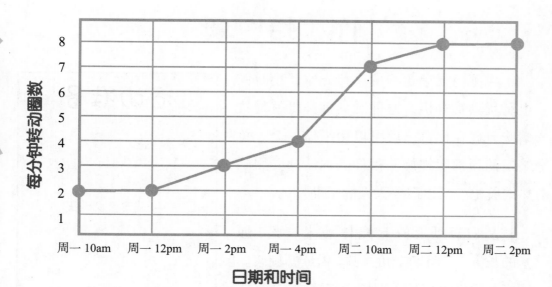

日期和时间

试一试：在标有日期、时间和转动圈数的表格上，将你记录下来的数值一一标记出来。你也可以上网，登陆 nces.ed.gov/nceskids/creategraph/default.aspx，绘制你自己的在线曲线图。根据你绘制的曲线，你认为你家附近的风速是大还是小？

将一天内不同时间段的风速记录下来。你可以记录你家附近不同位置处的风速，比较开阔地带的风速以及遮挡物比较多的地方的风速。

想一想：为什么莱特兄弟必须知道风速？他们可能利用这个信息做什么？位置的不同可能对风速造成什么影响？

过去与现在

过去：1911年，哈莉埃特·昆比成为美国第一位获得飞行执照的女性。

现在：美国拥有飞行执照的女性人数超过了42000人。

51

竹 蜻 蜓

像莱特兄弟这样的飞行先驱，小时候也玩玩具直升机，这种玩具直升机就是竹蜻蜓。现在你自己就可以用纸做一个。竹蜻蜓的顶部跟螺旋桨很像。本活动要用到热熔胶枪，所以需要大人的帮助。

1 从白板纸上剪下长 13 厘米、宽 1 厘米的长方条。将四个角修圆，做成螺旋桨。用彩色铅笔或记号笔把螺旋桨装饰一番。

2 截出 16.5 厘米长的一段竹签。在螺旋桨一侧的中心位置处滴一滴热熔胶，然后将竹签平的一头粘在热熔胶上，直到胶冷却凝固。

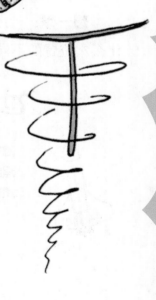

3 用两手的手心夹住竹签，迅速搓动，然后松手。你的"直升飞机"就飞起来了！

试一试： 用秒表计时，看看你的竹蜻蜓从不同高度起飞后，从起飞到落地需要多少时间。将螺旋桨加宽或者加长，预测一下可能出现的结果，然后实地进行测试。

原来是这样！ 在竹蜻蜓下落时，空气会将螺旋桨向上托。加宽或加长的螺旋桨的表面积也加大，这意味着竹蜻蜓下落时遇到的空气阻力更大，因而下落的速度也就更慢。

4. 飞行的 黄金时代

20 世纪的二三十年代被誉为飞行的黄金时代，这段时期是飞行史上非常活跃的一个时期。那时还没有我们今天出行时坐的这种客机，那时的人们觉得飞机简直太神奇了。

● ● ● ● ● ● ● ● ● ● ● ●

那些创纪录的飞行活动占据着报纸的头条位置，飞行员们也都成了明星。新闻媒体对那些追求冒险刺激的飞行员进行了大量报道。有一名飞行员叫林肯·比奇，他驾着双翼机飞跃了尼亚加拉瀑布，还从瀑布观景桥的钢铁拱门下钻过。他宣称因为水花飞溅，他是闭着眼睛完成这一壮举的。

词汇单

飞行表演：驾驶飞机表演惊险动作。

20 世纪 20 年代，飞行表演是非常流行的娱乐项目。飞行员会表演各种大胆刺激的飞行动作，场地一般选在开阔地上空。人们把这些飞行员称作特技飞行员。从事特技飞行的人很多都是曾经参加过第一次世界大战的飞行员。战争结束后，美国的双翼飞机出现了富余，飞行员只需花 200 美元就可以买到一架。

特技飞行员惊险的空中动作让观众们始终提心吊胆。有的飞行员在机翼上行走，有的从一架飞机跳上另一架飞机，还有的飞行员就悬在从飞机垂下来的软梯上。一些特技飞行员还是女性。观众们如潮水般涌去观看美国第一位女特技飞行员布兰茜·斯科特的表演，看她在 1200 多米的高空上进行机腹朝上的倒飞表演。

女飞行员弗洛伦斯·洛·巴恩斯曾经邀请一名观众和她一起飞。在飞行途中，她一把将这名观众从飞机上推了下去！不过事先她把观众身上的降落伞拉开了。其他著名的飞行员还包括组建了飞行马戏团的露丝·劳，在第二次世界大战期间开办了飞行学校的罗斯科·特纳，还有美国第一位获得飞行执照的非裔女飞行员贝茜·科尔曼等。

贝茜·科尔曼

贝茜·科尔曼的哥哥约翰曾参加过第一次世界大战。哥哥从战场上带回来的那些飞行故事，还有自己读的关于飞行的书籍，让贝茜深深地迷上了飞行。她想去飞行学校学习，但因为她是非裔，还是女性，全美国没有一家飞行学校愿意接收她。于是她去了法国，在那里的一所飞行学校里学会了飞行。1921年，她获得了飞行执照，后来成为一名特技飞行员。

1922年9月3日，科尔曼在美国纽约的花园城完成了她的第一场飞行表演，完美的表演让她一下子成了明星。她行走于美国各地，鼓励其他非裔女性参与飞行活动。1955年，美国邮政局还专门发行了一张纪念科尔曼的邮票。

航空邮件

词汇单

航空邮件： 用飞机运送的邮件。

在飞行表演广受欢迎的同时，飞机也进入了人们的日常生活。1911年9月23日，在美国纽约州举办的国际航空大赛上，举办方邀请每位观众写一张明信片，地址可以是美国境内的任何地方。观众们不知道，有一位名叫奥文顿的飞行员，将驾驶飞机载着这些信件，进行美国历史上首次正式的**航空邮件**运送飞行。奥文顿把邮包夹在两腿之间，从纽约州的花园城飞到了几千米外的小镇米尼奥拉。邮件在那里再由火车转运出去。

词汇单

目视飞行：通过观察地面上的地标进行导航的飞行活动。

无线电指向标：一种通过发送无线电信号为飞行员导航的仪器。

1918 年，美国邮政局开始定期运送航空邮件。到 1924 年时，在美国境内运送一个跨州的邮件，用火车要 3 天时间才能送达，而用飞机只需 29 个小时！从 1918 年到 1926 年，美国邮政局雇用的飞行员人数超过 200 名。这些飞行员确定飞行方向依靠的是一只简简单单的指南针以及地面上熟悉的地标，比如建筑物或者铁道线等等。这种飞行被称作**目视飞行**。此外，他们还会在腿上绑一幅卷轴地图，边飞边打开地图观测。

20 世纪 20 年代之前，美国邮政局的航空邮件都是在夜间运送的，飞行非常危险。为了给飞行员导引方向，邮局的工作人员以及沿途农场的农场主们，会在飞行路线上燃起很多堆大火。到 1923 年，美国境内出现了部分有照明的降落场地，也出现了为飞行员导航的**无线电指向标**。

人类总是喜欢寻找新的挑战！1919 年 6 月 15 日，英国飞行员约翰·艾尔柯克和他的**领航员**亚瑟·惠顿 – 布朗一起，从加拿大的纽芬兰飞到了爱尔兰，完成了人类历史上首次横越大西洋的不间断飞行。

词汇单

领航员：负责选择行进路线的人。

同年，有人拿出 25000 美元作为奖金，准备奖励第一位能从美国纽约不间断飞行到法国巴黎的飞行员。8 年之后，25 岁的飞行员查尔斯·林德伯格决定试一试。他平时专门运送航空邮件。1927 年 5 月 20 日，林德伯格驾着他的单翼机"圣路易斯之魂"冲上了天空。这段 5794 千米的不间断长途飞行共耗时 33 个小时。中间他竟然一度飞着飞着就睡着了！幸亏在飞机刚开始俯冲翻滚时他醒了！获得成功的林德伯格回到纽约时，全城数百万人走上街头游行庆祝。

在 20 世纪 20 年代，完成长途飞行是一件非常不容易的事。当时飞机导航靠的是太阳、指南针以及地面上的河流等地标。但是对在中东地区飞越沙漠的飞行员来说，这些方法根本不适用。因此，英国皇家空军开掘了一条 1.8 米宽、500 千米长的沟，横穿伊拉克的沙漠地带。沿着这条长沟飞行的飞行员称这是"顺沟飞"。

你知道吗？

艾米丽亚·埃尔哈特

女飞行员在 20 世纪二三十年代也创造了不少纪录，其中最有名的一位是艾米丽亚·埃尔哈特。1920 年，埃尔哈特在美国的加利福尼亚开始她的处女飞行。这次飞行后，她曾这样说："离开地面的那一刹那，我就知道自己离不开飞行了。"1922 年，她不仅取得了飞行执照，还飞到 4267 米高空，创下了当时的女子飞行高度纪录。

词汇单

轨道：太空中一个物体围绕另一个物体转动的路线。

1928 年 6 月 17 日，埃尔哈特与另外两名飞行员威尔默·斯图兹和路易斯·戈登一起，从加拿大的纽芬兰出发飞往英国的威尔士。整个飞行途中，只有从英国的威尔士到南汉普顿这最后一小段路程由埃尔哈特驾驶。但即使如此，这次飞行仍然让埃尔哈特成为了世界名人。她成为第一位坐飞机飞越大西洋的女性乘客。

相关发明

世界上最早的客机在 20 世纪初才出现。现在只需要几个小时，航天飞机就可以高速升空、进入运行**轨道**，然后围绕地球旋转。截至 2012 年夏季，已有 529 人预付了定金，以单张 20 万美元的票价，报名参加由英国维珍公司开发的"太空船二号"太空游项目。

词汇单

赤道： 一条位于地球中央、围绕地球一周、把地球分成南北两半球的假想线。

过去与现在

过去： 美国第一条商业航线，是圣彼得堡—坦帕空中航线，该航线在 4 个月内飞行了 172 架次。

现在： 在 2002—2011 年的 10 年间，美国各航空公司共飞行了近 800 万架次。

几年以后，在 1932 年，埃尔哈特自己驾机飞越了大西洋。又过了三年，她成为第一个从夏威夷单人驾机抵达美国大陆的飞行员。但这些都不是埃尔哈特为创造世界纪录而做出的最出名的尝试。

1937 年，埃尔哈特与导航员弗莱德·努南一起，尝试环航世界。她基本沿着**赤道**飞，飞过了太平洋岛屿间的一片片宽阔水域。这一年的 7 月 2 日，埃尔哈特和努南开始了飞行距离最长的一段路程。在飞行途中，飞机与一路跟随的船只失去了无线电联系，加上云层过厚，无法使用星星等天体导航，

结果他们错过了加油的着陆点，从此失去了消息。1937 年 7 月 19 日，经过一轮大规模搜救后，官方正式宣布两人在海上失踪。直到今天，人们仍在寻找线索，试图搞清楚当年埃尔哈特最后的遭遇。

……海岸警备队，请回答……

打破纪录者

1947 年 10 月 14 日，曾在第二次世界大战中担任**战斗**机飞行员的查理·叶格，试飞了一种新型飞机——贝尔 X-1 型。研制这一新机型的目的，是为了测试飞机能否飞得比声音的速度还快。结果叶格的飞行速度达到了每小时 1237 千米，成为世界上第一个突破**音障**的人。1952 年，他又以接近音速两倍的飞行速度，刷新了这一纪录。

音障不是像墙一样真实存在的障碍物，它指的是飞机的速度大于音速，或者说飞机的飞行速度从**亚音速**加速到**超音速**飞行时的那个点。在 12000 多米的高空，声音的传播速度约为每小时 1100 千米。飞机突破音障时，会产生像雷声一样的巨大爆炸声。

词汇单

战斗：打仗。

音障：飞行器在飞行速度接近音速时所遇到的阻力骤增的现象。

亚音速：飞行速度在每小时 560—1200 千米之间。

超音速：飞行速度在每小时 1200—5600 千米之间。

塔斯克基飞行员

1941 年 7 月 18 日，美国空军在美国阿拉巴马州的塔斯克基，开展针对美籍非裔飞行员的培训项目。在此之前，非裔美国人是不允许开飞机的。在塔斯克基空军基地接受飞行训练的非裔飞行员打破了这个限制，这些人成为美国第一批非裔战斗机飞行员。他们中有些人后来成为了领航员，有些人成为了机械师，有些人成为了塔台空管人员。在 1941 年到 1945 年的几年间，共有 966 名非裔美国人受训毕业后成为飞行员。

词汇单

平民：不在军队中服役的人。

珍 珠 港

1941 年 12 月 7 日，日本轰炸了位于美国夏威夷群岛上的美国海军基地珍珠港。为了防止再次遭到袭击，美国进行了充分准备。有 60 多万美国**平民**担任空中观测员。观测员能通过识别美国飞机和敌机的形状，将它们区分开来。年龄最小的空中观测员是住在美国新泽西州的一名 7 岁男孩。他的爸爸曾夸口说，他儿子观测和识别飞机的速度，比有些大人快得多了。

水 罗 盘

20 世纪的二三十年代，飞行员们只有非常简单的飞行辅助设备可以利用，比如用气泡式的水平仪来检测两翼是否保持水平，用罗盘来导向等。如今，大多数飞机都由地面无线电导航台来导航。本次活动帮助你学会如何利用罗盘确定方向。

活动准备

◎ 冰箱贴

◎ 缝衣针

◎ 玻璃碗或者塑料碗（不能用金属碗）

◎ 塑料瓶盖

◎ 水

1 一手拿冰箱贴，一手拿缝衣针。把针在冰箱贴的磁铁上摩擦 15—20 次，注意沿同一方向摩擦，让针磁化。

2 在碗里装上水，把碗平放在一个平面上。然后将瓶盖开口朝上置于水面上。

3 小心地将磁化了的针平放在瓶盖上，看看会出现什么情况。

原来是这样！ 罗盘上的针会慢慢地指向正北。你可以利用这个方位找到其他的方向。

第二次世界大战期间，为培训海军、陆军及平民观测员，美国的孩子们协助制作了 50 多万只模型飞机。

你知道吗？

莫 尔 斯 码

莫尔斯码是美国人塞缪尔·莫尔斯于 1835 年左右发明的。它利用一套由长短音组成的系统，以电报形式发送信息。下面，你可以和朋友一起，利用莫尔斯码互相发送秘密信息。

1 在纸上写下一条简短的信息，然后翻译成莫尔斯码，把它发送给朋友。

2 看看能不能读懂朋友发来的回复。

3 现在利用铅笔，在桌面上将信息用莫尔斯码敲打出来。遇到横线要停顿一会儿，遇到圆点要快速敲击。

4 你的朋友可以同样用铅笔敲出回复信息。

莫 尔 斯 码

A .−	H	O −−−	V ...−	2 .−−−−	9 −−−−.
B −...	I ..	P .−−.	W .−−	3 ...−−	。
C −.−.	J .−−−	Q −−.−	X −..−	4 ....−	.−.−.−
D −..	K −.−	R .−.	Y −.−−	5	,
E .	L .−..	S ...	Z −−..	6 −....	−−..−−
F ..−.	M −−	T −	0 −−−−−	7 −−...	?
G −−.	N −.	U ..−	1 .−−−−	8 −−−..	..−−..

设计明信片

很久以前，在互联网还没发明出来之前，北美地区的邮件是由马车、马、船以及铁路运送的。后来飞机被用于航空邮件递送。就算相隔很远，人们也比较容易保持联系了。下面一起来设计一张明信片，然后把明信片寄出去，看看对方多久能收到！

活动准备

◎ 招贴用纸板

◎ 尺子

◎ 剪刀

◎ 铅笔或钢笔

◎ 彩色铅笔、蜡笔、细记号笔或荧光笔

1 在纸板上量出一个长 14 厘米、宽 9.5 厘米的长方形卡片，用剪刀剪下来。在卡片一面上中间偏右处从上至下画一条直线。

2 将收信人的地址写在右侧一栏。将你的回邮地址写在右下角。

	收件人地址
你说的话	
	发件人地址

3 在卡片的左侧写下你想说的话，然后将明信片的空白一面进行装饰美化一番。

4 把明信片带到邮局，买一张邮票贴上，然后把明信片寄出去。记下你邮寄的日子，过后问问收件人，他是什么时候收到明信片的。这样你就知道明信片的邮递时间有多长了。

试一试： 分别给住在国内不同地方的人寄明信片，比较一下，寄送到较远的地方是不是花的时间较长呢？要多花多少时间？寄到海外的邮件对方又要多久才能收到呢？费用是不是也更多了？为什么呢？

5. 现代飞行器

你觉得你有足够的胆量，成为第一批坐飞机的乘客吗？1929 年 7 月，美国洲际航空运输公司的第一批乘客坐上飞机，从美国纽约出发，花了两天时间到达洛杉矶。同样的行程今天只需 5.5 小时。在当时，这批乘客白天乘坐飞机，由于夜航实在太危险，晚上他们都改坐火车。

到 20 世纪 30 年代，像波音 247D 这样的客机不仅机内空间更大，而且技术也更先进了。机上可以容纳 3 名机组人员和 10 名乘客。从纽约飞到洛杉矶，波音 247D 全程需要 20 个小时，中间起落 7 次。

波音公司不断革新技术，又推出了波音 B314，称作"飞剪"。20 世纪 30 年代末期还没有多少机场，大多数的越洋航班都使用这种波音"飞剪"。飞剪也被称为"飞剪船"，因为它可以在水上着陆。

第二次世界大战期间，只有战机才会飞越大西洋前往欧洲。而这些飞机大多数都在加拿大纽芬兰岛东北部的甘德停留，加油、维护、保养等。到战争结束时，共有 2 万多架北美制造的战机从甘德出发，飞越大西洋前往欧洲战场。

战后，很多航空公司又开辟了更快速的喷气式飞机客运服务。与早期的客机相比，这些现代飞机更大、更快，乘坐起来也更为舒适。

相关发明

美国国家航空航天局、波音公司和世界著名公务喷气机制造商美国湾流宇航公司，联手开发了一种新型超音速喷气式飞机。这种新型飞机从英国伦敦飞到澳大利亚的悉尼仅需 4 个小时，飞行速度达到每小时 4000 多千米。

新型的波音 747 飞机，你现在出行可能会乘坐的那种，在美国国内从一个地方飞到另一个地方只需几个小时。这种大型飞机的机尾有六层楼高，一个机翼就大得足够装下 45 辆小轿车！所以如果说全球乘坐过波音 747 的旅客总数超过 30 亿，也就不足为怪了。这个数字差不多相当于全球人口总数的一半呢！

现在的飞机都装有计算机辅助飞行控制系统，协助飞行员驾驶飞机。未来可能所有的飞机都将连上机载互联网系统。这并不是让飞机驾驶员能一边开飞机一边上网，而是让地面管制更方便地追踪飞机的飞行轨迹，从而进一步提高飞行的安全性。而且飞行员也能够随时检查自己飞机周围的空中交通状况。

飞机的结构

虽然现代飞机非常先进，但它们的基本结构与早期的飞机并没有什么本质区别。每架飞机都由机身、机翼、尾翼和发动机构成。

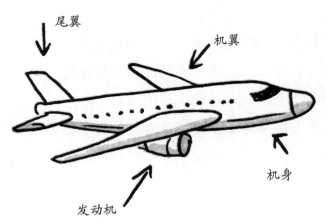

尾翼

机翼

机身

发动机

乘坐飞机时，我们实际上是坐在机身里。**机身**就是飞机的管状主体部分，一般呈流线型，便于空气从机身旁流过，以降低阻力。机长和副机长工作时是在机身前端突出的驾驶舱里。驾驶舱里到处都是按钮、指示灯、操纵杆、控制装置，还有飞行控制所需的显示仪。

在机尾部分，有些部件从机身后端延伸出来，这些部件统称为尾翼。**垂直尾翼**是竖直不动的。它的作用是防止飞机左右摇摆。铰接垂直尾翼的方向舵可以动，它控制飞机向左或向右的飞行方向。**水平尾翼**在两侧各有一个，它们的作用是防止飞机出现上下颠簸。铰接水平尾翼的升降舵控制飞机的爬升和下降。

词汇单

机身：飞机的主体部分。

垂直尾翼：机尾上竖直向上的部分。

水平尾翼：机尾上伸向两侧的部分。

68

机翼连接于飞机机身的中部，向上的一面微微隆起一定的弧度，便于飞机离地起飞。机翼上的襟翼**和副翼**既可以上翻，也可以下垂。起飞时为了增加升力，飞行员会让襟翼保持水平或略微下垂。着陆时，则襟翼全部下垂，以加大阻力，让飞机减速。

词汇单

副翼：飞机两翼翼尖处的一块翼面。

副翼是机翼上靠近翼尖的一块可以活动的翼面，左右两翼上各有一块，转动时方向相反。一个副翼向上运动的时候，另一个副翼就向下运动，让飞机可以向左或向右转向。

飞机的动力来自发动机产生的向前的推力。有些飞机的发动机带动装在飞机前端的螺旋桨，靠螺旋桨产生的拉力拉动飞机；有的飞机则依靠机翼下安装的喷射器实现这一目标。

由英法两国联合制造的协和式飞机，曾经是世界上飞行速度最快的商业客机，从英国伦敦飞到美国纽约只需 3 小时！它的飞行速度为每小时 2000 多千米，是客机中唯一的超音速喷气式飞机。2000 年 7 月，在投入使用 24 年之后，一架协和式飞机坠毁，造成 100 余人丧生。协和式飞机此后全部退役。

你知道吗？

喷气发动机的工作原理

看着飞机飞离地面的那一刻，许多人会特别激动。你大概已经知道，现在大部分的飞机都由喷气发动机推动。

飞机发动机看起来就像是前面装了一个风扇的管子。风扇负责将空气吸进管内。发动机内部有一个**压缩机**，负责压缩空气，增大气压。压缩空气随后与燃料混合，由电火花点燃。热空气从发动机尾部高速喷出。向后喷射的空气产生向前的推力，推动飞机前进。

词汇单

压缩机： 对空气进行压缩，提高气体压力的机器。

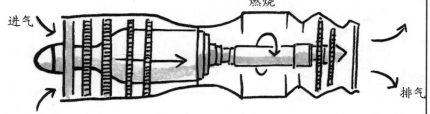

进气　　　　　　　　　　燃烧　　　　　　　　　　排气

第一架完全依靠喷气发动机推进的飞机是德国亨克尔公司 1939 年制造的 He178。它的飞行速度达到了每小时 600 千米。目前已知速度最快的喷气式飞机是美国洛克希德公司生产的洛克希德"黑鸟"SR—71 侦察机。它的最高飞行速度可以达到每小时 4000 千米！

涡轮喷气发动机、涡轮风扇发动机（涡扇发动机）、涡轮螺旋桨发动机、涡轮轴发动机，还有冲压发动机，都属于喷气发动机。

你知道吗？

飞机的用途

飞机的种类有上百种，每一种都是为了某一具体用途而设计。有的用于运输货物包裹，有的用于运送人员。撒药机用于播撒杀虫剂，挽救作物免遭虫害。军用机用于负责防卫和**侦察**。现在的飞机有很多种用途，下面列出的只是极少的几个例子。

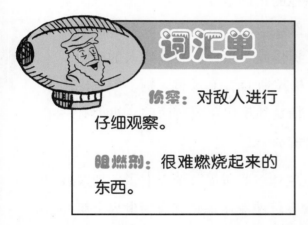

词汇单

侦察：对敌人进行仔细观察。

阻燃剂：很难燃烧起来的东西。

空中消防：20世纪50年代，退役的军用机很多被用作消防飞机。消防飞机装载着水或者化学**阻燃剂**，负责从空中灭火。比如加拿大庞巴迪宇航公司生产的庞巴迪CL-415，飞行员可以打开腹舱门，下投6000多升水或者化学阻燃剂。一次空投后，飞机再飞到附近湖上把水箱加满。这个过程仅需十几秒钟！

过去与现在

过去： 1952 年，第一架喷气式客机——英国制造的"彗星"正式投入运营。"彗星"的巡航速度为每小时 780 多千米，可搭乘 44 名乘客。

现在： 如今波音 747 的巡航速度是每小时 900 多千米，载客人数可达 345 人。

飞机医院： 飞机医院飞往世界各地的边远地区。奥比斯飞机医院就是一个例子，它是全世界唯一的眼科医疗飞机。这架飞机载着志愿者们飞往世界各地，为发展中国家的病人提供眼科治疗，挽救病人的视力。奥比斯飞机医院从外面看与普通的道格拉斯 DC-10 没有区别，但飞机内部进行了重新改造，变成了一所配置精良的现代化眼科医院。机上有一间手术室、一台激光治疗设备以及一间高科技教室。

总统专机： 1943 年，美国的富兰克林·罗斯福总统登上了一架波音 314 "飞剪"，飞往卡萨布兰卡。这次飞行使罗斯福总统成为世界上第一位乘飞机出行的在任总统。之后的二十多年，美国总统乘坐的都是螺旋桨飞机。1962 年，肯尼迪总统改乘了定制的波音 707，成为第一位把波音 707 作为专机的美国总统。从那时到现在，中间总统专机还换过其他机型。

美国前总统尼克松的"空军一号"曾被用作总统专机近 30 年时间，直到 2001 年退役。目前这架飞机展出于里根总统图书馆。

你知道吗？

如今的美国总统专机选择波音 747—200B 两个系列之一，全部为专门定制，平时停在美国马里兰州位于华盛顿附近的安德鲁斯空军基地。总统专机的机身蓝白相间，涂有美国国旗和总统印鉴，机身两侧还有大大的 "UNITED STATES OF AMERICAN" 字样。

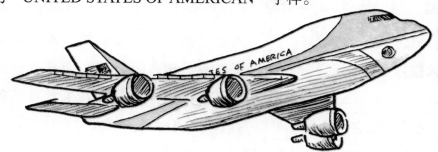

美国总统专机称为"空军一号"，"空军一号"还是所有搭载美国总统的飞机的共同呼号。呼号是航空业中以无线电确定飞机或飞行员身份时所用的代号。"空军一号"不仅仅是架飞机，它还是一座移动白宫。飞机上的两间厨房非常宽敞，可以为 100 人准备饮食。机上还有供总统夫妇使用的办公室、房间以及一间会议室，还有接见媒体和特工人员使用的房间。

词汇单

呼号：通讯中分配给飞机或飞行员作为身份证明的专有名称。

现代直升机

20 世纪初，许多新发明的直升机都采用了旋转翼。这些直升机有的飞离了地面，但是没有一架能实现可操控飞行。直到 1923 年，西班牙工程师胡安·德·拉·席尔瓦发明了旋翼机，这种情况才得以改变。

词汇单

多功能：可以用于多种用途。

作战人员：士兵。

旋翼机的头部有一支螺旋桨，负责将飞机向前拉，飞机上端有数个旋转叶片，负责提供升力。20 世纪 30 年代，很多人认为将来每个人都会拥有一架旋翼机。你知道谁的家里有一架直升机吗？拥有自己的直升机的人很少，但直升机本身是**多功能**的。它可以在空中悬停，可以向前，可以向后，可以左右摇摆，还可以原地转圈。它们能垂直起飞和降落，连跑道都不需要。

因为直升机只需要校车大小的一块场地，所以用途比别的飞机广泛。直升机可以用于人员搜救、空中交通、消防救火、执行警务以及新闻追踪等。战争时可用于向狭小偏僻的地方运送补给和作战人员，还可用于空中救护。

西科斯基 CH-53E "超级种马" 是美国军方使用的最大、最重的直升机。它的内部能装载 55 名**作战人员**或 13000 多千克的物资，外部可吊装 16000 多千克的重物。

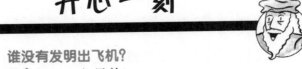

问：谁没有发明出飞机？
答：荣*（Wrong）兄弟！

---

* 英语中，莱特兄弟名字的发音与正确（right）相同，而 right 与 wrong 为一对反义词。——译者

纸 飞 机

你现在还不是飞机维修工程师，不太清楚飞机的工作原理。不过如果你想了解飞机是怎么飞的，折一架纸飞机是个好办法。

1 拿一张纸，按短边对折，剪开，把其中一张先放一边。

2 把手上的一张纸按长边对折，然后打开。

3 把上端的左右两角向内折，与中线对齐。然后把纸再沿中线折好。

4 把中线两侧的纸再向内对折，然后把左右两片捏合相贴，做成飞机的翅膀。

5 取刚才放在一边的另一张纸，再折一架飞机，不过要变换一下翅膀的形状。你还可以试试在纸飞机上增加重物，比如加几个回形针。之前做好的一架飞机保持不变。这样你就可以比较它们的不同之处了。

试一试： 用秒表计时，看看每架纸飞机在空中飞行的时间有多长。再用皮尺量一下飞行距离。用更厚重的纸（比如档案袋纸）做架纸飞机，再用比较轻的纸（比如白报纸）做架纸飞机。先猜猜这两架纸飞机会怎么飞，然后投出你的纸飞机，看看实际情况与你的预测是否相符。将你的实验结果绘制在坐标图纸上。

活动准备

◉ 剪刀

◉ 手工纸

◉ 回形针

◉ 秒表或者带秒针的表

◉ 皮尺

◉ 文件夹

◉ 白报纸（新闻纸）

◉ 坐标图纸和铅笔

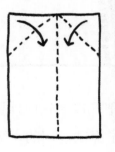

风 向 袋

风向袋是机场用的一种风筝，能帮助飞行员了解风向。做一个风向袋，你就可以时时刻刻了解风向了。

1 把布裁成30厘米宽、60厘米长的一块，在一面用划线粉画上图案，进行一番装饰。

2 把布沿长边对折，让有图案的一面朝外。把长边缝起来，把两端两个开口中的一个缝死。

3 把开口一端向外折起 1 厘米，缝好。这是为了穿铁丝用的。缝时针脚大一些，缝好后将线拉一拉，让袋口稍微收紧。先不要打结，也不要把针取下，因为铁丝穿上后，你可能还需要把布调整一下。

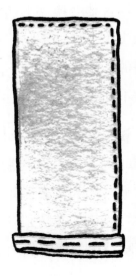

4 剪下约 38 厘米长的一段铁丝，把一头弯成一个小圈（避免戳破布），穿进刚缝好的布袋口。带小圈的一头先进，慢慢向里推。等铁丝绕布袋口一周后，将铁丝两端拧在一起。这时调整一下布口袋，然后把线打结，剪断。

5 剪下 62 厘米长的一段毛线。用别针将毛线间隔均匀地固定在袋口的四个点上。

6 把毛线头绕到柱子或者比较结实的木棍上，把风向袋拴好。起风的

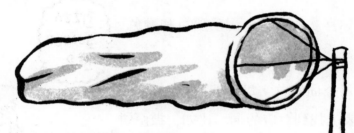

时候，观看风向袋，你能说出风是朝哪个方向吹的吗？

怎么回事？ 刮风的时候，风向袋里就鼓满了空气，使风向袋指示了刮风的方向。

想一想： 风向袋在风中是怎么飘动的？为什么飞机着陆时最好是逆风呢？

开心一刻

问：为什么棒球场上风特别大？
答：因为场上到处都是球迷*！

————————————

* 英语中，球迷和风扇都为 fan 一词。——译者

呼 号

你知道吗？飞行员们传递信息用的是一种特殊的语言，也就是国际音标字母。（目前，国际民航通用的语言为英语）每个人用的字母都一样，交流起来就比较容易。在你说 D 的时候，不会有人误听成 E。下面用字母来拼出自己的呼号。

把你喜欢的食物、运动项目和颜色写下来。

取每个词的首字母，然后在飞行员的音标表上找到对应的词。比如：披萨饼（pizza）、足球（football）和蓝色（blue），取首字母就是 PFB。而你说的时候，就要说 papa foxtrot bravo。

音 标 表

A Alpha	**H** Hotel	**O** Oscar	**V** Victor
B Bravo	**I** India	**P** Papa	**W** Whiskey
C Charlie	**J** Juliet	**Q** Quebec	**X** X ray
D Delta	**K** Kilo	**R** Romeo	**Y** Yankee
E Echo	**L** Lima	**S** Sierra	**Z** Zulu
F Foxtrot	**M** Mike	**T** Tango	
G Golf	**N** November	**U** Uniform	

6. 太空时代

几千来，人类一直梦想能飞出地球，梦想着能从一个星星飞到另一个星星。传说中国古代有个地方官叫万户（一说万虎），一直有一个想飞上天的梦想。有一天，他把47支装了火药的火箭绑在他坐的椅子上，让他的47个手下点燃了引信，希望能借此飞上天。结果是一场剧烈的爆炸。等浓烟散尽，万户也没了踪影。没有人知道万户是不是真的飞上了天。不过今天把人类送进太空所用的倒确实还是火箭。

与其他发明一样，火箭的发明同样耗费了很多人很多年的时间。这需要有新想法、新的设计和实际可行的建造工作。现在的火箭可以将人们送入太空，让人类有机会在月球上行走，之后再把他们安全地带回来。不过，火箭最初却只是个放着玩的玩具而已！这一点是不是让你有些吃惊？

词汇单

牛顿：17 世纪的英国科学家，对运动和引力进行了深入研究。

火箭学：研究火箭设计及应用的学科。

公元前 400 年，希腊人阿基塔斯（古希腊哲学家、机械装置设计者）做了一只木鸽子。他把木鸽子用绳子悬着，利用蒸汽让鸽子飞了起来。公元 1 世纪左右，中国人掌握了火药的制造技术。他们把火药装入中空的竹筒，然后把竹筒扔到火里。想来有些竹筒没有爆炸，而是像火箭一样直冲了出去。有记载显示，公元 1232 年，中国军队曾在射入敌营的箭矢上绑定装了火药的小竹管。这些带着火药激射而出的箭是用来迷惑敌军的。

受到启发的发明

"朱诺号"探测器是美国国家航空航天局为探测木星而设计的一个无人探测器。这台靠太阳能驱动的自动探测器在 2011 年发射升空。"朱诺号"要花 5 年时间，飞行 27 亿千米才能到达木星。

1678 年，科学家终于弄清楚了火箭背后的科学。这要归功于**牛顿**提出的三大运动定律。他的第三条运动定律指出，力是物体之间的相互作用，作用力和反作用力总是大小相等、方向相反。这是**火箭学**背后的理论基础。气球撒气的时候会怎么样？会往前飞，对吧？火箭就是这个原理。

火箭的发明

词汇单

康格里夫火箭：
1804年，英国威廉·康格里夫爵士为参加拿破仑战争的英军发明的一种火箭。

19 世纪时，全世界的人们已经为火箭找到了多种用途。渔民用绑在火箭上的渔叉来捕鲸。他们把火箭扛在肩上，然后把渔叉朝着鲸鱼发射出去。火箭还曾被用于海上救生。系着救生绳的**康格里夫火箭**从船甲板上发射出去，可以将救生绳送到 300 多米之外的落水人员身边。

到了 20 世纪，欧洲、东南亚和北美利用火箭运送邮件的尝试也获得了成功。1959 年 6 月 8 日，美国邮政局在弗吉尼亚州发射了一枚载有 3000 封信件的火箭，这些信件要在佛罗里达进行分拣和递送。结果火箭只用了 22 分钟就到达了佛罗里达的目的地。

早期的火箭先驱

俄罗斯科学家康斯坦丁·齐奥尔科夫斯基，是最早提出利用火箭进行空间探索这一设想的先驱之一。1898 年，他完成《利用喷气工具研究宇宙空间》这一经典论文，其中包含了许多现代的航天思想。

1926 年 3 月，在美国马萨诸塞州的一个农场上，美国科学家罗伯特·戈达德成功发射升空了第一支使用液体燃料的火箭。这种火箭使用化学燃料以及像**氧气**这样的气体。戈达德的火箭虽然只爬升了 12.5 米，但却迈出了火箭设计上的重要一步。仅仅在不到 50 年之后，使用液体燃料的火箭前后将数艘"阿波罗号"飞船送上了月球。直至 1945 逝世，戈达德在火箭研究领域取得了大量突破，后人尊称他为"现代火箭之父"。

词汇单

氧气：空气中的一种气体，人类和动物都需要呼吸这种气体才能生存。

在大西洋的另一边，德国科学家沃纳·冯·布劳恩带领一队德国工程师也在进行火箭研究。第二次世界大战期间，这些火箭被用于针对多个城市的空中打击活动，其中就包括英国的伦敦。战争结束后，冯·布劳恩效力于美国军方，任职于美国国家航空航天局。他的团队实现了两级以上火箭的叠加，提高了火箭的升空高度和速度。

太空竞赛

太空时代开始于第二次世界大战结束之后，美国和**苏联**都想成为第一个登月的国家。苏联在 1957 年 10 月 4 日发射了人类首颗人造**卫星**"斯普特尼克 1 号"（Sputnik Ⅰ）。Sputnik 在俄语中是"旅伴"的意思，这颗人造卫星大小和篮球相仿，环绕地球一周需要 98 分钟。这颗卫星的成功发射让苏联在太空竞赛中领先了一步。

词汇单

苏联：1922 年成立、1991 年解体的一个国家。今天的俄罗斯为苏联的一部分。

卫星：太空中环绕一个行星飞行的天体。

两个月后，"斯普特尼克 2 号"升空，上面的乘客成为了地球上第一个到外太空旅行的生命。这名乘客是一只叫莱卡的小狗。人造卫星环绕地球飞行了几个小时，期间小狗的影像由摄像机拍摄后发回地球。可惜的是莱卡死在了太空中，因为当时的科学家还不知道怎样让它安全地返回地球。在苏联成功发射了两颗人造卫星后，美国组建了美国国家航空航天局，之后发射了自己的人造卫星，这就是"探险者一号"。

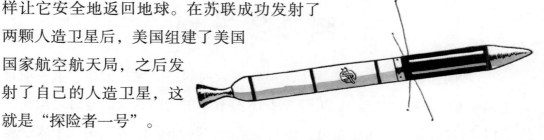

1865 年，法国科幻小说家儒勒·凡尔纳出版了一部小说，书名为《从地球到月球》，讲述 3 人在美国佛罗里达升空，飞往月球。1969 年，搭载"阿波罗"飞船的宇航员们的登月之旅和书里的这个情节完全吻合。

你知道吗？

1961 年 4 月 12 日，苏联**宇航员**尤里·加加林成为第一位绕地球飞行的人。他的太空之旅共持续了 1 小时 48 分。在飞船再次进入地球的**大气层**后，加加林从返回舱中伞降落地。

在同年的 5 月 5 日，美国也完成了绕地飞行。美国宇航员阿兰·谢泼德乘坐"自由号"飞船，在 7 级火箭的助推下升空。谢泼德的**亚轨道飞行**持续了 15 分钟 22 秒，返回舱安全返回地球，溅落于大西洋中。

谢泼德成功返回地球几天后，当时的美国总统肯尼迪提出了新的挑战计划，希望在 20 世纪 60 年代末，美国宇航员能成功登月并安全返回。美国国家航空航天局立刻展开了相关工作。

词汇单

宇航员：前往太空或在太空中工作的人。

大气层：包裹着地球的空气层。

亚轨道飞行：航空器的飞行高度和速度虽然超过了飞机的飞行范围，但还没有真正进入太空。

太空舱：太空船上可以独立工作的部分。

阿波罗计划

"阿波罗计划"是美国国家航空航天局的一个登月项目。这一项目的第 11 次任务，就是 1969 年 7 月 16 日开始的为时 3 天的登月之旅。飞船上当时搭载了 3 名宇航员，他们所乘的"阿波罗 11 号"由 3 个**太空舱**构成。

指挥舱: 操纵指挥舱的是宇航员柯林斯。指挥舱始终保持绕月飞行。

服务舱: "阿波罗11号"的服务舱被命名为"哥伦比亚"。燃料和动力设备都安置在服务舱里。

登月舱: "阿波罗11号"的**登月舱**

词汇单

登月: 与月球相关,或指登上月球所用的交通工具。

取名为"鹰",另两名宇航员阿姆斯特朗和奥尔德林登月乘坐的就是"鹰"。他们于1969年7月20日成功登月,成为美国最早登月的宇航员。

"鹰"的内部有一个专为宇航员准备的加压舱,此外还载有探测月球表面所需的各种仪器。登月后的阿姆斯特朗曾这样说过:"这是个人迈出的一小步,但却是人类迈出的一大步。"登月舱"鹰"被留在太空,服务舱"哥伦比亚"如今在美国华盛顿特区的美国国家航空航天博物馆展出。

航 天 飞 机

1981 年 4 月 12 日，美国的第一架航天飞机"哥伦比亚号"从美国佛罗里达州的肯尼迪航天中心升空。这是世界上首架可反复使用的航天器，使用年限为 30 年左右。女宇航员萨莉·赖德于 1983 年 6 月乘坐"哥伦比亚号"升空，成为美国第一位进入太空的女性。1983 年 8 月，吉昂·布鲁福成为第一位进入太空的非裔美国人。

词汇单

轨道器：航天飞机上载人的部分。

起飞前的航天飞机由**轨道器**、火箭助推器和燃料箱等组成，可以像火箭一样垂直起飞，像飞船一样在太空轨道运行，又像滑翔机一样着陆。轨道器看上去就像一架巨大的白色太空飞机。宇航员吃、住、工作以及进行各种实验都在轨道器里。轨道器也是航天飞机组件中唯一进入太空轨道的部分。

外挂在轨道器上像三角形去掉了三个角的翼型装置叫做三角翼。常规飞机的翼型装置提供的升力不够，无法让航天飞机达到所需的速度和上升高度。

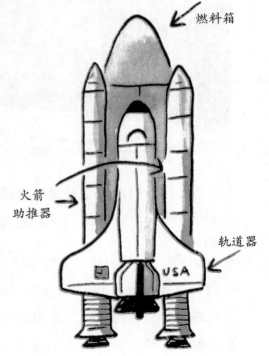

燃料箱

火箭助推器

轨道器

USA

两个火箭助推器为飞船垂直起飞以及飞出大气层提供动力。起飞 2 分钟后，助推器脱离航天飞机，降落伞启动。助推器一般降落在海洋上，回收后可再次使用。在接下来的 6 分钟里，主发动机由航天飞机外挂的橘色燃料箱中的液体燃料燃烧驱动。6 分钟后，燃料箱脱离。航天飞机及机上人员进入轨道。

在太空中，航天飞机上的宇航员们要搜集样本，进行各种科学实验，对设备进行测试，还要对像哈勃空间望远镜这样的航天器进行维修。宇航员们还协力建造了太空中最大的人造建筑——**国际空间站**。

词汇单

国际空间站：是一颗人造卫星，多国宇航员在上面工作生活超过了 11 年。他们在那里进行各种实验，对太空进行研究。

深空：月球轨道之外的空间。

每一次航天任务都存在着风险，无论是"挑战者号"还是"哥伦比亚号"都发生过坠毁事故。2011 年，在"亚特兰蒂斯号"轨道器发射任务结束之后，美国的航天飞机项目也随之终止。

空间发射系统

美国国家航空航天局正在研究新一代火箭——空间发射系统（SLS）。建成之后的空间发射系统将是人类有史以来最强劲的火箭，能将宇航员送入太空中更远的地方！可以让宇航员对地球附近的小行星甚至火星进行探测。目前的设计目标是能支撑 6 名宇航员在上面生活 6 个月，完成**深空**探测任务。

火　箭

想做一只你自己也能发射的火箭吗？下面这个办法又快又简单。

1 把卷筒纸芯外表刷上颜色，自然风干，当作火箭身体。

2 在手工纸上画好两只翼的轮廓，然后将翼剪下来，用胶带贴在火箭的两侧。

3 做火箭头时，先在手工纸上剪出一个比卷筒纸芯口略大的圆，然后从圆周的任意一点到圆心，剪开一个口子。将开口两边重叠，做成一个圆锥，用胶带固定。

4 把圆锥体火箭头用胶带粘到火箭主体上。画上图案装饰一下，火箭就做好了。

活动准备

- ❀ 卷筒纸芯
- ❀ 水彩
- ❀ 水彩画笔
- ❀ 手工纸
- ❀ 铅笔
- ❀ 剪刀
- ❀ 透明胶带
- ❀ 记号笔、不粘贴，或者其他可装饰物

过去与现在

过去： 以前的航天飞机能载重 29500 千克，相当于 5 头大象的重量。

现在： 新型的空间发射系统将能承载相当于 22 头大象的重量，也就是 129800 千克。

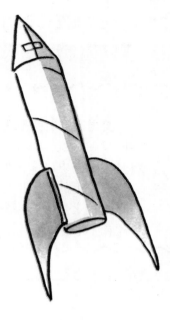

带助推的火箭

现在给你的火箭装上动力，看着它"嗖"地飞出去！

1 在火箭的一侧用胶带粘上一根吸管。

2 把气球朝各个方向拉伸几下，这样吹起来会比较容易。把气球塞进火箭筒里，把气球吹鼓，使它牢牢卡在火箭身体内。

3 在门把手上系一根长线。系好后，把线穿过粘在火箭侧面上的吸管。保持火箭头正对着门的方向。

4 把穿过吸管的绳子一端系在椅子上。把椅子放在离门 1 米远的地方。

5 把火箭拉到靠近椅子的绳子一头。这个就是发射场。

6 先预测一下你把气球嘴剪掉后会出现什么情况。之后实际操作一下，看自己猜的对不对！

试一试： 试试不把气球吹得很鼓；试试把绳子竖起来系，比如从地板到天花板。你的这支用气球助推的火箭能飞多远呢？

超音速飞行器

像航天飞机这样的超音速飞行器，飞行速度是音速的 5 倍多。所以航天飞机必须使用特殊材料制成，以防止返回大气层时机身外的高热威胁到飞机内部的仪器和人员安全。目前，地球上最快的航空器是美国军方研制的"猎鹰"超音速飞机。它的飞行速度是音速的 20 倍。现在想象一下，假如你是一名航天飞机设计师。展开你的想象，还有你已经学到的有关力和气动外形的知识，自己设计一架航天飞机。你的超音速飞行器会是什么样子的？怎么让它飞起来呢？

想一想：你的飞行器怎样才能耐高温？怎么发射？怎么着陆？机上能容纳多少人员？怎么操作？

活动准备

- 纸
- 笔和蜡笔
- 各种盒子
- 胶带纸
- 胶水

过去与现在

过去：公元 1 世纪，希腊数学家希罗发明了一个像火箭一样的装置，叫做汽转球蒸汽机，利用蒸汽来推动小铜球旋转。

现在：火箭就是将物体送入外太空的大型运载工具，使用液态燃料，比如液态氧。

目 标 练 习

在我们的太阳系中旅行，无论是去火星，还是去任何其他一颗行星，或者去月球，要制订一条路线都不容易。因为不仅航天器是运动的，你要去的那个目标天体也是运动的。为了节省燃料，发射航天器的时候，瞄准的目的地是航天器着陆时天体会到达的位置。通过下面这个游戏，你会发现要击中一个运动的目标有多难。

活动准备

◎ 一群朋友，人数为偶数

◎ 两只水桶

◎ 两名负责帮忙的成人

◎ 两根长绳子

◎ 两个网球

1 把朋友分成人数相等的两组。

2 两只水桶上各系一根绳子，绳子的另一头请大人帮忙系到树枝上，或者系到高低杠上。两只水桶之间不能挨得太近，以桶荡起来时不会互相碰到为准。

3 让帮忙的大人把桶向后拉，然后放手，让桶荡起来。每一组的一名成员都有一次机会朝桶里扔球。如果球进了，扔球的组员就可以离开队伍到旁边休息。如果没进，就要排到队尾再试。在组员们依次投球之际，帮忙的成人要负责让桶始终荡起来。

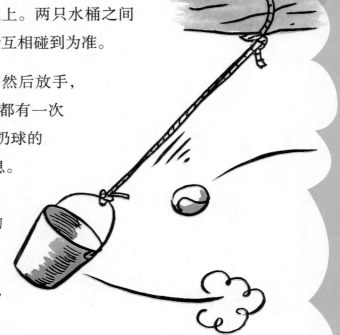

4 哪个组的组员全都投进了球，全部坐下休息了，哪个组就赢了。

图书在版编目（CIP）数据

　　探索飞行：25个探究飞行的趣味活动/（美）亚苏达
（Yasuda, A.）著；迟庆立译. —上海：上海科技教育出版社，
2016.7

　　（"科学么么哒"系列）

　　书名原文：Explore Flight

　　ISBN 978-7-5428-6402-4

　　Ⅰ．①探…　Ⅱ．①亚…　②迟…　Ⅲ．①飞行—青少
年读物　Ⅳ．①V323-49

　　中国版本图书馆CIP数据核字（2016）第072052号

责任编辑　侯慧菊
封面设计　杨　静

"科学么么哒"系列

探索飞行——25个探究飞行的趣味活动

［美］阿妮塔·亚苏达　著

［美］布赖恩·斯通　图

迟庆立　译

出　　版	上海世纪出版股份有限公司
	上 海 科 技 教 育 出 版 社
	（上海市冠生园路393号　邮政编码200235）
发　　行	上海世纪出版股份有限公司发行中心
网　　址	www.ewen.co　www.sste.com
经　　销	各地新华书店
印　　刷	常熟文化印刷有限公司
开　　本	787×1092 mm　1/16
印　　张	6
版　　次	2016年7月第1版
印　　次	2016年7月第1次印刷
书　　号	ISBN 978-7-5428-6402-4/G·3269
图　　字	09-2014-127号
定　　价	20.00元